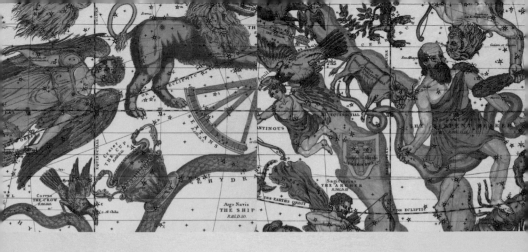

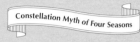
Constellation Myth of Four Seasons

Shigemi Numazawa

Nanayo Wakiya

圖解星座
神話故事

沼澤茂美・脇屋奈奈代／著

林昆樺／譯

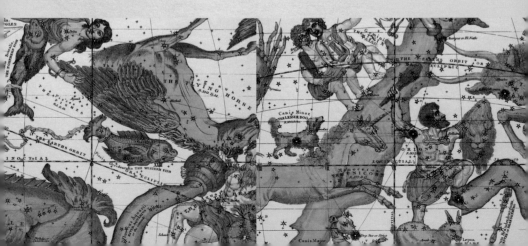

Constellation Myth of Four Seasons

Contents

World of Constellation Mythology
星座神話的世界　5

星座神話的誕生 ………………………………………………… 7
占星與黃道12宮 ………………………………………………… 12

Mythology of Constellations in the Spring
春季星座神話　15

❋ 春天的星座 …………………………………………………… 16
大熊座 …………………………………………………………… 18
　✳ 大熊座的故事 ……………………………………………… 20
巨蟹座 …………………………………………………………… 22
　✳ 巨蟹座的故事 ……………………………………………… 24
獅子座 …………………………………………………………… 26
　✳ 獅子座的故事 ……………………………………………… 28
牧夫座・后髮座 ………………………………………………… 30
　✳ 后髮座的故事 ……………………………………………… 32
　✳ 牧夫座的故事 ……………………………………………… 33
室女座 …………………………………………………………… 34
　✳ 室女座的故事 ……………………………………………… 36
長蛇座・烏鴉座・巨爵座 ……………………………………… 38
　✳ 長蛇座的故事 ……………………………………………… 40
　✳ 巨爵座・烏鴉座的故事 …………………………………… 41

Mythology of Constellations in the Summer
夏季星座神話　43

❋ 夏天的星座 …………………………………………………… 44
天龍座 …………………………………………………………… 46
　✳ 天龍座的故事 ……………………………………………… 48
武仙座・北冕座 ………………………………………………… 50
　✳ 武仙座的故事 ……………………………………………… 52
　✳ 北冕座的故事 ……………………………………………… 53

※ 本書星座的名稱以天文學中的名稱為主，所以會出現處女座→室女座，
射手座→人馬座等情況，跟一般常聽到的名稱不太一樣。

天琴座・天鵝座 …………………………………… 54
　✳ 天琴座的故事 ……………………………… 56
　✳ 天鵝座的故事 ……………………………… 57
蛇夫座・巨蛇座 …………………………………… 58
　✳ 蛇夫座・巨蛇座的故事 ………………… 60
天秤座・天蠍座 …………………………………… 62
　✳ 天秤座的故事 ……………………………… 64
　✳ 天蠍座的故事 ……………………………… 65
天鷹座・海豚座 …………………………………… 66
　✳ 天鷹座的故事 ……………………………… 68
　✳ 海豚座的故事 ……………………………… 68
人馬座 ……………………………………………… 70
　✳ 人馬座的故事 ……………………………… 72

Mythology of Constellations in the Autumn
秋季星座神話　75

✿ 秋天的星座 ……………………………………… 76
摩羯座・寶瓶座 …………………………………… 78
　✳ 摩羯座的故事 ……………………………… 80
　✳ 寶瓶座的故事 ……………………………… 81
飛馬座 ……………………………………………… 82
　✳ 飛馬座的故事 ……………………………… 84
雙魚座 ……………………………………………… 86
　✳ 雙魚座的故事 ……………………………… 88
仙女座・英仙座 …………………………………… 90
　✳ 英仙座的故事 ……………………………… 92
　✳ 仙女座的故事 ……………………………… 93
鯨魚座 ……………………………………………… 94
　✳ 鯨魚座的故事 ……………………………… 96
白羊座 ……………………………………………… 98
　✳ 白羊座的故事 …………………………… 100

Mythology of Constellations in the Winter
冬季星座神話　103

✿ 冬天的星座 …………………………………… 104
御夫座 …………………………………………… 106
　✳ 御夫座的故事 …………………………… 108

※ 本書的觀測時間、地點皆以日本當地為主，台灣的觀測時間請上網查詢。

金牛座 ──────────── 110

　✳ 金牛座的故事 ──────── 112

獵戶座‧天兔座 ────────── 114

　✳ 獵戶座的故事 ──────── 116

獨角獸座‧大犬座‧小犬座 ──── 118

　✳ 大犬座的故事 ──────── 120

　✳ 小犬座的故事 ──────── 121

　✳ 獨角獸座的故事 ────── 121

雙子座 ──────────── 122

　✳ 雙子座的故事 ──────── 124

Mythology of Constellations in the World

其他星座神話

127

其他星座神話 ─────────── 128

　✳ 波江座 ────────── 128

　✳ 南魚座 ────────── 129

　✳ 天箭座 ────────── 129

　✳ 牧夫座 ────────── 130

　✳ 昂宿星團 ───────── 130

　✳ 阿爾戈號的故事 ───── 131

各國流傳的星座故事 ─────── 134

　✳ 北斗七星──俄羅斯流傳的星座故事 ── 134

　✳ 老人星──日本流傳的星座故事 ── 135

　✳ 天蠍座──紐西蘭流傳的星座故事 ── 136

　✳ 銀河──世界各國流傳的星座故事 ── 136

　✳ 星星落下的池塘──日本流傳的星座故事 ── 139

　✳ 守護四方的星座──中國流傳的星座故事 ── 144

　✳ 埃及的星座 ─────── 150

　✳ 印加的星座 ─────── 154

　✳ 印加的宇宙觀 ────── 156

Constellation Mythology Data

星座神話資料

157

本書收錄的星座神話地圖 ───── 158

希臘神話的諸神系譜 ─────── 160

希臘神話的人物關係圖 ────── 162

希臘神話裡登場的諸神職掌 ──── 163

希臘神話的地理 ───────── 164

星座列表 ───────────── 167

索引 ────────────── 170

World of Constellation Mythology

星座神話的
世界

一般認為閃爍的眾星連結而成的星座，
誕生於距今約五千年前的古老時代。
星星們綴出動物與英雄的身影，展開了
多采多姿的神話故事。

在東南天空中閃耀的冬季星座

星座神話的誕生

人類住在城鎮裡，就非常容易遺忘夜空彼端那許多閃亮的星星。高樓大廈的燈光、路燈、眾多車輛與霓虹燈照亮了都會的夜空，只餘留些微零落的星光隱沒在內。但只要暫時離開都會的喧囂，那呈現在眼前的美麗星空，每每令人震撼不已。當我們一直盯著那些星星的時候，可以發現星星的排列似乎組成了某種形狀。那或許是平口常見的生活用品、十分熟悉的動物模樣，也可能是身旁的朋友。一般認為星座的首次構成，就是從如此平凡無奇的生活瑣事中產生。

據說我們現在使用的星座，最初誕生之地是距今五千年前的美索不達米亞地區（現在的伊拉克）。在底格里斯河及幼發拉底河流向大海的交會處，有一個地方叫做蘇美爾，那邊居住著被稱作「蘇美爾人」的族群。他們掌握了透過星星的動態來辨別時間與季節的技術。或許在一開始的時候，只是為了掌握播種和收割的季節，才會每晚持續觀測有如記號一般的明亮星星。漸漸地，他們把星星串連起來，並將熟悉的動物們以及他們奉祀的神明、傳說英雄的風姿都對應到夜空之中，而這正是我們現在使用的星座之起源。

不久之後，巴比倫、亞述相繼征服了蘇美爾，他們創作出來的星座被喜好占卜的巴比倫吸收、轉化成為占星術，並有了更上一層樓的發展。然後隨著巴比倫與亞述的勢力逐漸擴人，星座也跟著傳入周邊各國。

另一方面，古希臘的神話創作流傳甚廣。他們從自然界裡的所有物體之中看見了神，並隨之衍生出無數眾神。在美索不達米亞和埃及，神是威嚴的，從高高在上的位置俯瞰人間，但希臘的神卻會哭會笑，會愛慕女性，是與人類十分相似的神祇，所以希臘神話的故事令人感覺特別親切，而這樣的希臘神話便與東方傳入的星座合為一體。據說這也是星座之所以

巴比倫人建造的金字形神塔（Ziggurat）遺跡

美索不達米亞的放牧民

16世紀中期建造的義大利法爾內塞宮，天頂描繪的星座圖（壁畫）

能在世界上廣泛流傳，並傳承到後世的理由之一。

在西元前9世紀前後，希臘荷馬所創作的史詩《伊利亞特》和《奧德賽》中，就已經出現過獵戶座、昴宿星團、畢宿星團、大角星、大熊座、天狼星等名字。赫西俄德的田園牧詩《工作與時日》裡，也歌頌著好幾個被用來識別季節的標示星座。然後到了西元前350年左右，歐多克索斯撰寫了一本天文學書籍，據傳裡頭記載了關於星座的解釋，可惜的是這本書沒有保存下來，所以我們並不曉得他寫了什麼星座。不過在西元前207年時，阿拉托斯曾利用歐多克索斯

的這本著作為基礎，寫下韻文《物象（Phaenomena）》。《物象》當中，誠摯地歌詠44個我們今日正在使用的星座。但由於阿拉托斯並不是天文學家，因此多少有些謬誤出現。到了西元前150年的時候，天文學家希帕求斯對歐多克索斯與阿拉托斯的星星和星座多有批判，並將相關敘述寫入書中。而在書裡，希帕求斯記載了46星座。

不過，將希臘星座整理出來的功臣則是托勒密。西元2世紀，托勒密參考希帕求斯的著作，將48個星座以及想像力豐富而且與星座有關係的希臘神話整合在一起。直到現在這些仍然

為人所使用，並且稱之為「托勒密48星座」。

此後有一千四百多年的時間，歐洲地區失去了對星座的關心。阿拉伯世界好不容易為星星取了名字，可是星座的形狀卻全部是以希臘星座為基礎。

不久以後進入15～16世紀，歐洲迎來了大航海時代。能夠前往南半球地區的歐洲人，首次目睹了蘇美爾人與希臘人未曾知曉的星空。在那裡，眼前展開的是沒有星座存在的星空，使得天文學家們爭先恐後地開始創作星座。

1603年，德國的拜耳以南半球發現的珍奇生物為星座命名，如「天燕（座）」、「蝘蜓（座）」、「劍魚（座）」、「天鶴（座）」等，為南方天空添加了12個新星座。

1624年，德國巴丘斯提出了新的「鹿豹（座）」、「獨角獸（座）」、「天鴿（座）」、「南十字（座）」4個星座；1679年，法國的魯瓦耶採用了這些新創星座，並加入星圖之中，從此廣為流傳。

1690年，波蘭的赫維留斯在北方天空的空隙中，新設了「狐狸（座）」、「小獅（座）」、「盾牌（座）」、「蠍虎（座）」、「天貓（座）」、「六分儀（座）」、「獵犬（座）」7個星座。

1763年，法國人拉卡伊在南半

義大利法爾內塞宮的星座圖（接上頁）

球天空殘留的隙縫中，新創了「繪架（座）」、「圓規（座）」、「顯微鏡（座）」、「矩尺（座）」、「雕具（座）」、「山案（座）」、「時鐘（座）」等13個星座；另外，他還認為南船座範圍過大，於是將它拆分成4個部分，創造了「船尾（座）」、「船帆（座）」、「羅盤（座）」、「船底（座）」。

除此之外，在17～18世紀時，有許多天文學家提出了各式各樣的新設星座。而像「馴鹿（座）」、「地獄犬（座）」、「電氣機械（座）」、「日晷（座）」之類的星座則因為晦暗難以辨識，或是與周圍的星座無法調和，於是便取消不再沿用。另外還曾

創造「查爾斯橡樹（座）」、「腓特烈榮譽（座）」等星座來讚揚當時的權力者，不過隨著時代的變遷，這些星座也一併消失了。

最後，1930年時世上的天文學家們齊聚一堂，將星座總數定為88個，明確劃定星座的界線，並沿用到今天。全世界熟悉的星座正式決定之後，已經經過了八十多年的光陰。

但是我們也別忘了，世界各地仍舊持續流傳著從該土地的神話與傳說、生活習慣當中孕育而出的獨特星座。在星空中想像並描繪它們的身影，想必能讓星空的樂趣更加寬廣且遼闊吧。

雖然布立特（Burritt）星圖裡描繪的四分儀座現在並不存在，不過，從這區塊中心劃過的流星，卻保留了「四分儀座流星雨」的名稱。

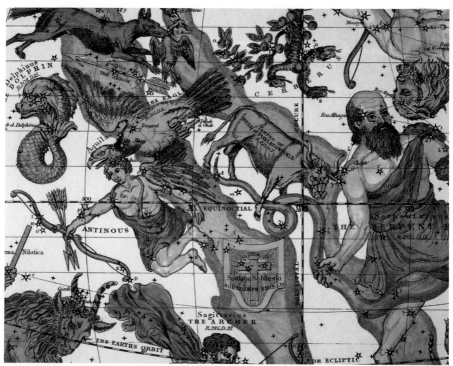

於19世紀初期製作的布立特星圖裡，繪有現今不存在的波尼亞托夫斯基的金牛座（Taurus Poniatovii）和安提諾座（天鷹座頭部下方所畫的持弓男性）。

占星與黃道12宮

占星術和星座神話的發展過程大不相同，卻同樣傳承至今。

古代美索不達米亞於西元前3000年時，就已經懂得描繪星座圖像、製作曆法，還會進行天文觀測。而後演變成能夠憑藉著彗星出現、日月蝕之類的單獨天文現象，來占卜國家與國王的吉凶禍福。在過去，西元前1900年左右曾經留下當時的天文紀錄，據說裡頭便存有關於月蝕與占卜的記述。西元前650年左右，亞述的亞述巴尼拔王時代裡，為了在王都尼尼微烏雲密佈時也能觀測得到天文現象，最著名的作法就是向各地派遣占星術師。亞述認為月蝕是凶兆，一旦月蝕發生，為了去除污穢，便需要推派國王的替身並且殺掉他。

而這樣的占星，後來發展成占卜個人運勢的天宮圖（horoscope）占星術。現存最古老的個人占星圖就是自巴比倫出土，從行星位置推斷，大約為西元前410年左右的圖。

而後，占星繼續在希臘、羅馬發展，此時使用的即是黃道12宮。事實上，它與黃道12星座有些不大一樣。太陽運行通道＝黃道之上，有著12（正確是13）星座，可是星座大小參差不齊，太陽並不一定都會在每個星座待上一個月的時間。於是西元前

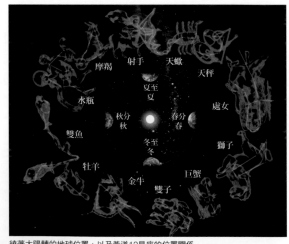

繞著太陽轉的地球位置，以及黃道12星座的位置關係

黃道12星座　從雙魚座到獅子座

150年左右十分活躍的天文學家希帕求斯，便以春分點當作起點，將黃道劃成12等分，每30°為一區間進行切分，設定出黃道12宮，而這12宮正是占星所使用的定義。12宮以白羊宮、金牛宮、雙子宮……等名稱命名，而原本在占星上認為生在白羊宮之類的說法才是正確的，但不知為何會說成是牡羊座出生，常常將12宮與黃道12星座混為一談。

將現在的12宮與12星座做個比較，如同以下表格所示，會與相應星座有大約1區間的偏差。這是因為地球的自轉軸心會以2萬6000年的週期移動變化，描繪直徑48°的大圓（稱為歲差運動）。換句話說，我們可以理解到，目前與占星創建的時候相比，占卜的根據已經出現了相當大的變化。

黃道12宮	記號	讀法	一般稱呼	黃經	太陽停駐期間	現在的星座
白羊宮	♈	Aries	牡羊座	0°～30°	約3月21日～4月19日左右	雙魚座
金牛宮	♉	Taurus	金牛座	30°～60°	約4月20日～5月20日左右	白羊座與一部分的金牛座
雙子宮	♊	Gemini	雙子座	60°～90°	約5月21日～6月21日左右	金牛座
巨蟹宮	♋	Cancer	巨蟹座	90°～120°	約6月22日～7月22日左右	雙子座
獅子宮	♌	Leo	獅子座	120°～150°	約7月23日～8月22日左右	巨蟹座與一部分的獅子座
處女宮	♍	Virgo	處女座	150°～180°	約8月23日～9月22日左右	獅子座與一部分的室女座
天秤宮	♎	Libra	天秤座	180°～210°	約9月23日～10月23日左右	室女座
天蠍宮	♏	Scorpio	天蠍座	210°～240°	約10月24日～11月22日左右	一部分的室女座與天秤座
人馬宮	♐	Sagittarius	射手座	240°～270°	約11月23日～12月21日左右	天蠍座、一部分蛇夫座與一部分人馬座
摩羯宮	♑	Capricorn	摩羯座	270°～300°	約12月22日～1月20日左右	人馬座
寶瓶宮	♒	Aquarius	水瓶座	300°～330°	約1月21日～2月18日左右	摩羯座與一部分寶瓶座
雙魚宮	♓	Pisces	雙魚座	330°～360°	約2月19日～03月20日左右	寶瓶座與一部分雙魚座

黃道12星座　從室女座到寶瓶座

倒映在水田裡的夏日銀河與夏季星座

Mythology of Constellations in the Spring

春季
星座神話

春天的夜空中最引人注目的，
正是構成怪物模樣的幾個巨大星座。
闡述著希臘英雄海克力斯
殊死戰鬥的故事。

武仙座

牧夫座

開陽

北斗七星

北冕座

獵犬座

常陳一

春
季
大
曲
線

梗河一

大角星

后

五帝

巨蛇座

春季大三角

蛇夫座

太微左垣二

室女座

東

角宿一

天秤座

烏鴉座

半人馬座

✿ 春天的星座

　　夾在一等星數目最多的冬季星座，以及沿著銀河發光、耀眼奪目的夏季星座之間，春天的星座頂多閃耀著三顆一等星，看起來稍稍有些樸素。因為上頭有許多巨大、星星排列不集中的星座，所以要找星座不是件容易的事，不過只要懂得訣竅，其實尋覓星座並沒有那麼困難。

　　尋找春季星座時，最顯著的有「北斗七星」、「春季大曲線」、「春季大三角」。

　　北方的天空裡，應該很容易就找得到由七顆亮度幾乎相同的星星，排列成杓子狀的北斗七星吧，它就是大熊座的標誌。

　　北斗七星形成了巨大的杓子，沿著杓柄曲線延伸過去，就會穿過橘色的一等星「大角星」、白色的一等星「角宿一」，碰上由四顆星星構成的小梯形。這條巨大的弧線即稱為「春季大曲線」。大角星屬於牧夫座，角宿一則是室女座的

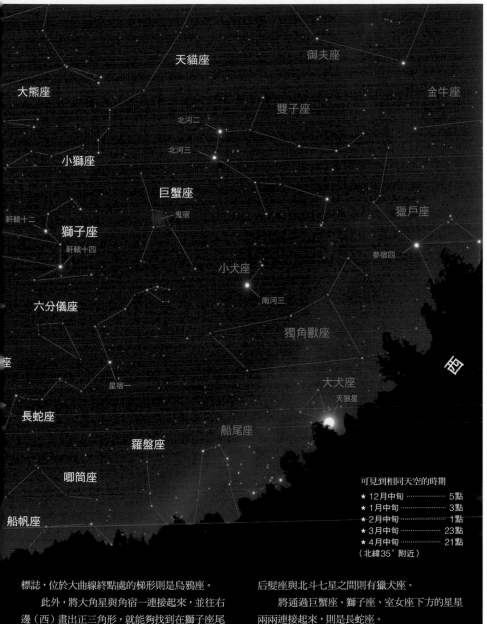

天貓座

御夫座

金牛座

大熊座

雙子座

北河二

北河三

小獅座

巨蟹座

獵戶座

軒轅十二

鬼宿

獅子座

參宿四

軒轅十四

小犬座

六分儀座

南河三

獨角獸座

座

星宿一

大犬座

天狼星

長蛇座

羅盤座

船尾座

唧筒座

可見到相同天空的時期
★ 12月中旬 ················· 5點
★ 1月中旬 ················· 3點
★ 2月中旬 ················· 1點
★ 3月中旬 ················· 23點
★ 4月中旬 ················· 21點
（北緯35°附近）

船帆座

標誌，位於大曲線終點處的梯形則是烏鴉座。

　　此外，將大角星與角宿一連接起來，並往右邊（西）畫出正三角形，就能夠找到在獅子座尾巴處閃耀的二等星「五帝座一」，而這就是「春季大三角」。在五帝座一西邊發光的一等星為「軒轅十四」，是獅子座的標誌，而在獅子座鼻尖發光的則是巨蟹座。

　　春季大三角上方的正中央附近是后髮座，而

后髮座與北斗七星之間則有獵犬座。

　　將通過巨蟹座、獅子座、室女座下方的星星兩兩連接起來，則是長蛇座。

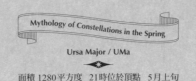
包含北斗七星，為全天第三大星座

大熊座

波德星圖中描繪的 大熊座

　　西元前約1200年，腓尼基（位於今日黎巴嫩附近的古代都市國
家）就已經對這個古老的星座有所了解，西元前850年左右也曾在希
臘傳說詩人荷馬創作的史詩中登場過，是托勒密48星座之一。

　　大熊座的標誌就是北斗七星。古代蘇美爾人（四大文明之一──
美索不達米亞文明的創始者）和巴比倫人（繼蘇美爾之後在美索不達
米亞地區繁盛的族群）將這七顆星星稱呼為戰車的星座。

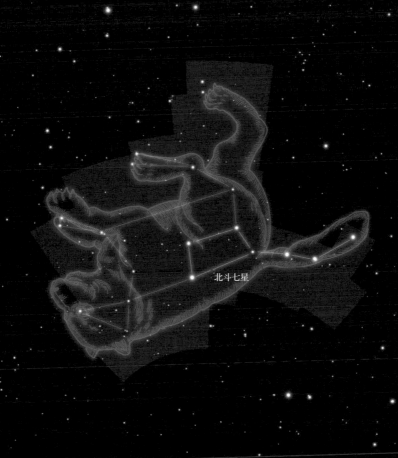

北斗七星

與此星座圖同方向的時期

★ 2月上旬 ·············· 3點
★ 3月上旬 ·············· 1點
★ 4月上旬 ·············· 23點
★ 5月上旬 ·············· 21點

✴ 尋找大熊座的方法

　　它的標誌是七顆星星排成長柄勺形狀的北斗七星，正好是大熊的背部到尾巴。為全天88星座的第三大星座，而且星星群聚，勾勒形狀相當容易。位於北方天空，幾乎全年都可以在夜空中看見它，特別是春天至夏天的傍晚時分，它會在容易發現的位置上閃耀。

長尾巴的
理由

大熊座在希臘神話裡，指的是為眾神之王宙斯生下孩子，因此觸怒了嫉妒心強烈的宙斯之天妃希拉，受到希拉女神詛咒的森林寧芙（下位女神們、精靈、妖精）之姿。

不過你知道嗎？和真正的熊比起來，星座熊的尾巴長度卻是異樣地長。而且很多時候隨著地域不同，星座也會發生變化，可是這個星座卻不只有希臘人和美索不達米亞人，各地

的人都看成大熊的樣子，相當不可思議。還有，在美國印地安人流傳的神話之中，還告訴人們為什麼這隻熊的尾巴會變長。

很久以前，有一隻身軀龐大的熊住在森林附近的洞窟裡。春日裡的某一天，熊到河裡捕魚、舔食蜂蜜、在原野上奔馳嬉戲的時候，四周天色完全暗了下來。雖然牠急急忙忙地趕回居住的洞窟，但很不巧，這天正是沒有月亮的黑夜，熊弄錯了方向，迷失在森林深處。不知不覺中，熊走到了森林的中央。突然間，窸窸窣窣……窸窸窣窣……聽到不知從哪兒傳來的聲響。受到驚嚇的熊看向四面八方，

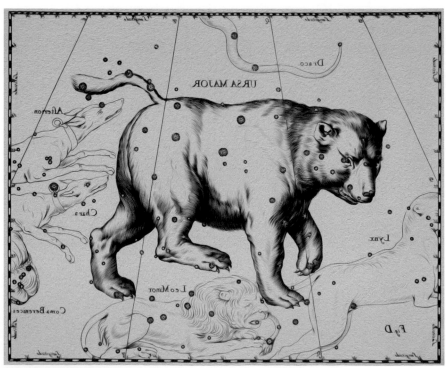

赫維留斯星圖中描繪的 大熊座
（赫維留斯星圖的文字之所以呈反向（鏡像），是為了讓圖能夠配合實際的星座方向）

卻沒發現任何人。

「一定是風吹動樹葉的聲音。」

熊心想，繼續邁步前進。結果再度聽到窸窸窣窣……窸窸窣窣……的聲音。這次熊直起身子，仔細查看四周，結果森林裡的樹木全都動了起來，正交頭接耳地說著話。大吃一驚的熊猛然狂奔，卻因為太過驚慌失措，一下子撞上那棵樹，一下子撞上這棵樹，完全不曉得自己究竟是往哪個方向跑。這時候，恐怖而巨大的橡樹正一邊發出咚、咚的聲響，一邊朝大熊的方向走了過來！其實這棵巨大的橡樹正是森林大王。

雖然大熊連忙逃跑，卻被大王迅速伸長的枝枒抓住了尾巴，懸吊在半空中。

大熊極為害怕，拚命掙扎。而原本只打算捉弄一下熊的大王，也因為熊動作太過粗暴，發了脾氣，把熊提起來轉個幾圈之後，就將牠拋向高空。

而熊雖然撞入天空，變成了星星，不過由於之前森林大王抓著尾巴一陣甩動之故，熊尾巴就變長了。

被森林大王抓住尾巴的熊

※ 大熊座的故事
悲哀的妖精 卡麗絲托

森林寧芙卡麗絲托，是狩獵女神阿蒂蜜絲的侍女。阿蒂蜜絲女神是處女神，同樣的，侍女卡麗絲托對男性也沒什麼興趣，可是眾神之王宙斯卻喜歡上了卡麗絲托。於是，宙斯就化成阿蒂蜜絲的樣子接近卡麗絲托，狡猾地將卡麗絲托騙到手。雖然中途卡麗絲托發現不對勁，也努力抵抗，卻依舊無能為力。

這件事無法對任何人說出口。過了好幾個月，阿蒂蜜絲女神注意到卡麗絲托的狀況有些奇怪，卡麗絲托已經懷了宙斯的孩子。阿蒂蜜絲勃然大怒，而宙斯天妃希拉女神的怒火更加高漲。於是希拉女神就對卡麗絲托下了詛咒，將她變成一隻熊。而後卡麗絲托怎麼了呢？請看牧夫座（p33）的故事。

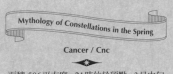
宣告春天的星座，印記為在背殼處閃耀的鬼宿星團

巨蟹座

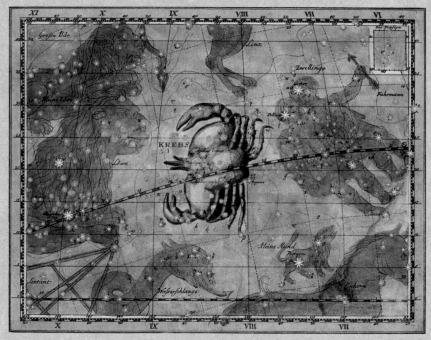

波德星圖中描繪的 巨蟹座

　　這個星座的起源十分古老，西元前7世紀時，人們認知的星座形狀就與現在並無二致。西元120年前後，希臘天文學家托勒密已在著作之中加以介紹，是托勒密48星座之一，也是太陽軌跡「黃道」上連貫的12個星座「黃道12星座」之一。

　　位置介於雙子座與獅子座之間。雖然是不太醒目的微暗星座，卻因為具有著名的「鬼宿」星團而為大家熟知。

位於頂點的巨蟹座

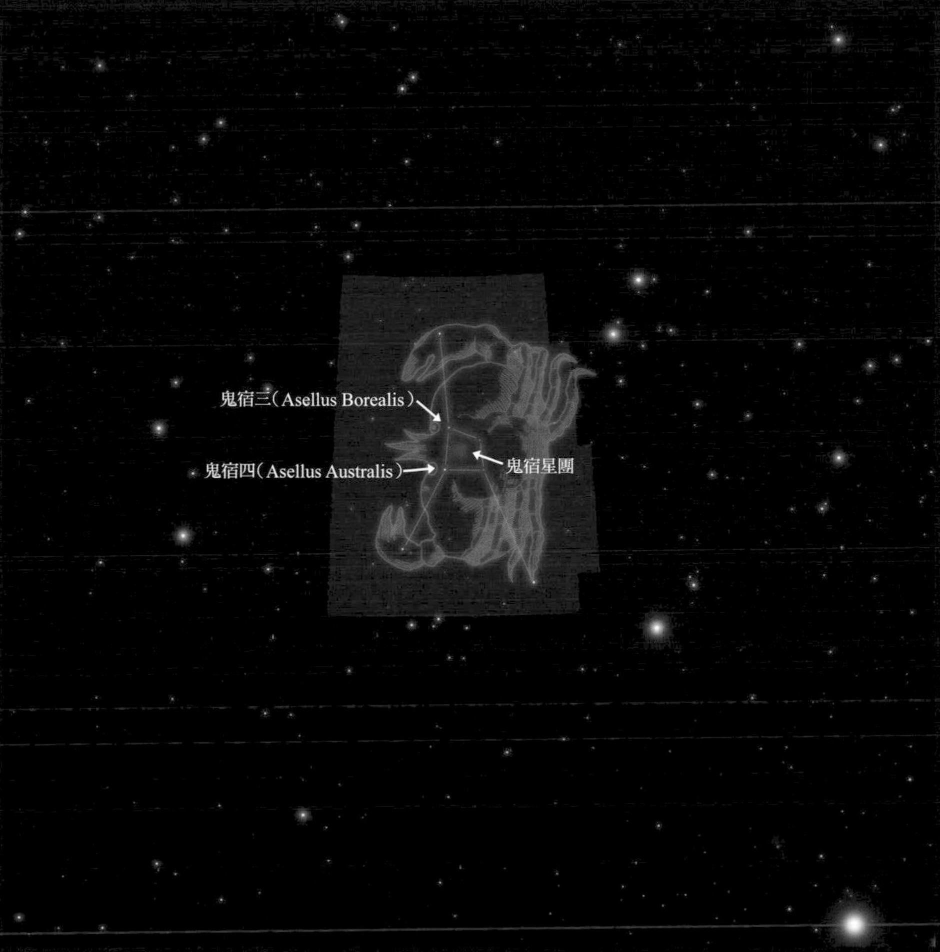
鬼宿三(Asellus Borealis)
鬼宿四(Asellus Australis)
鬼宿星團

尋找巨蟹座的方法

獅子座的鼻尖看得到一小團朦朧光雲的鬼宿星團，那就是巨蟹座的標誌。在春季天空中模糊閃爍的詭異姿態，在中國古代被稱呼為「屍體散發出來的妖氣（積屍氣）」。將圍著鬼宿星團的四顆星星化作螃蟹的甲殼後，再從四方的星星延伸出去。

與此星座圖同方向的時期

★ 12月中旬	3點
★ 1月中旬	1點
★ 2月中旬	23點
★ 3月中旬	21點

為了幫助朋友
螃蟹怪物的結局

　　海克力斯為償還他所犯下的大罪，在十二年間聽從梯林斯之王歐律斯透斯的命令，完成了十二項偉大冒險。而他的第二件任務，就是剿滅棲息於阿彌墨涅湖沼的許德拉。

　　許德拉擁有九顆頭，是一條身形有人類的二十倍之多，可以從口中噴出毒氣的巨大長蛇怪物。海克力斯乘坐姪子伊奧勞斯駕駛的馬車，來到阿彌墨涅沼澤邊。

　　許德拉一發現到海克力斯出現，就迅速地纏上他的雙腳，將海克力斯拖倒在地，並對著他的臉噴吐毒氣。而海克力斯也揮舞著棍棒、刀劍，與許德拉形成對峙之勢。起初居於優勢地位的許德拉，隨著海克力斯不斷發動的猛烈攻擊，逐漸落入劣勢。

　　同為沼澤居民的螃蟹怪物看到了這個情況。然而螃蟹怪物其實只是體型巨大，並不具備像許德拉那樣的武器。當然，牠也曾聽過有關海克力斯的傳聞，但看到同樣住在沼澤的朋友許德拉遭人毆打，牠沒有辦法默不作聲。雖然知道這是不自量力的作為，卻還是為了幫助許德拉，從沼澤中飛

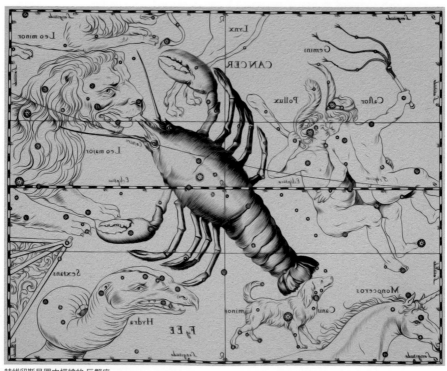

赫維留斯星圖中描繪的 巨蟹座

身而出，然後用那巨大的鉗子，喀嚓
一聲夾住海克力斯的腳。

「好痛！這什麼東西。」

海克力斯揮動棍棒，一擊之下就
將螃蟹怪物敲成碎塊，實力差距非常
懸殊。

看到這一幕的希拉女神被螃蟹怪
物的友誼深深打動，就將螃蟹怪物升
到空中化成了星座，那就是巨蟹座。

另外還有一個說法指稱，這隻巨
大的螃蟹怪物其實是憎惡海克力斯的
希拉女神，為了助許德拉一臂之力而
送來的。

巨大螃蟹夾著海克力斯的腳。西元前500～475年前後，
古希臘做來儲藏橄欖油等物的陶壺上所描繪之圖

巨蟹座的故事
酒神
戴奧尼索斯的驢子

巨蟹座的Gamma星名為「鬼宿
三（Asellus Borealis）」，Delta星名
為「鬼宿四（Asellus Australis）」，
分別帶有「北方的小驢子」、「南方
的小驢子」之意。傳說中，這兩隻驢
子會在酒神戴奧尼索斯頭痛倒下時，
把戴奧尼索斯駄在背上離開。

還有另一種說法，說這兩顆星是
鍛冶之神赫菲斯托斯以及酒神戴奧尼
索斯乘坐過的馬匹。天神宙斯率領眾神
和巨人提坦族對戰時，兩匹馬的大聲嘶
鳴驚嚇到了提坦一族。戰爭形勢也因此
一鼓作氣地轉向，使得眾神位居優勢，
最後將提坦族放逐到世界的盡頭，而
兩匹馬也由於這段功績，得以化成星座

升上天際。當時兩匹馬中間還放有存著
草料的槽，形成馬匹正在進食的姿態，
M44鬼宿星團就代表著那個馬槽。

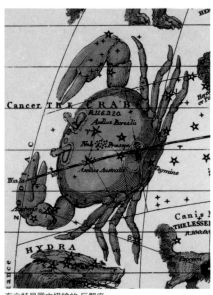

布立特星圖中描繪的 巨蟹座

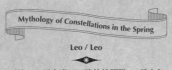
令人聯想到強壯勇猛的獅子，形狀整齊的星座

獅子座

波德星圖中描繪的 獅子座

　　在西元前1900年前後的巴比倫時代，它是眾人眼中的大犬座，然而到了西元前600年前後的新巴比倫帝國時代，它的星座名稱卻變成了獅子座。既是托勒密48星座之一，也是黃道12星座的其中一個。

　　此星座形狀分明，十分容易辨識。群星排列成反向問號的形狀，那就是獅子座的記號。而這樣的排列與歐洲常使用的割草鎌刀十分相似，因此又稱為「獅子座大鎌刀」。

五帝座一

軒轅十四

✳ 尋找獅子座的方法

　　群星排列成反向問號的形狀，即是獅子座的記號，代表百獸之王獅子的頭部到胸部。在胸口處明亮閃耀的星星為一等星軒轅十四。從此處往東方連起構成梯形的星星，那就是獅子的軀幹。而在獅子尾巴發光的二等星五帝座一，會與牧夫座的大角星、室女座的角宿一共同形成「春季大三角」。

棲息於涅墨亞森林的食人獅

不知道從什麼時候開始,有一隻吃人的獅子盤據在涅墨亞之森,襲擊附近的村民和路過的旅人。而且前去討伐的勇者,沒有任何人活著回來。事實上,這隻雄獅是妖怪堤豐(參照p88,雙魚座)之子,不僅體型碩大,而且還是皮膚比鋼鐵更加堅硬的怪物。

這件事情傳入梯林斯之王歐律斯透斯的耳裡。而海克力斯為了償還自己所犯下的殺妻大罪,正好遵循天神宙斯的旨意到達梯林斯之王面前。國王說:「剛好適合用來贖罪」,便命令海克力斯前去撲殺這頭怪物。

抵達涅墨亞之國的海克力斯,原本想找個熟悉森林的人當嚮導,但森林附近的居民全都被獅子吃光了,根本找不到了解周遭地理環境的人。無法可想的海克力斯只得獨自一人進入森林。在涅墨亞森林徘徊了二十天以上,海克力斯終於在某個傍晚遇上了食人獅。那獅子似乎才剛吃過人,嘴角滴著腥紅的血液。海克力斯對著獅子射出無數箭矢,卻全被反彈回來。獅子打了個哈欠,彷彿像在說沒有任

赫維留斯星圖中描繪的 獅子座

何感覺。接下來他拔出劍劈砍，但那把劍就好像紙糊的一樣彎折扭曲。無計可施之下，海克力斯只得掄起棍棒，使盡渾身解數，朝著獅子的頭顱用力打下去。

啪!!隨著一聲悶響，棍棒從中斷成兩截，但被打中的獅子不僅滿不在乎，還因為再三遭到攻擊而發怒，氣勢洶洶地襲向海克力斯。海克力斯在那一瞬間躲開攻擊，並徒手壓制獅子，不眠不休地勒緊食人獅的脖子經過三天三夜，最後終於殺死了牠。

而看到這幅景象的希拉女神，便將這頭與海克力斯激戰過的食人獅化成了星座，因為希拉女神非常厭惡海克力斯（參照p52，武仙座）。就這樣，獅子座誕生了。

之後，海克力斯用食人獅鋒銳的爪子將獅皮剝下，將刀槍不入的獅皮當成鎧甲披掛在身上，並戴上獅頭作為頭盔。

與食人獅搏鬥的海克力斯（弗朗西斯柯・德・蘇巴朗繪）

成功剿滅獅子歸來的海克力斯受到涅墨亞民眾的熱烈歡迎。得到熱情接待與各種讚美之詞的海克力斯，意氣風發地回到梯林斯。

聽到這個消息，梯林斯的歐律斯透斯王不禁顫抖了起來。因為他頭一次知道海克力斯擁有無可比擬的力量。國王心想，要是說出惡劣的言詞得罪了他，到時被殺掉就不好了，於是便下令鐵匠製造堅固的大壺，一聽到海克力斯要過來就會跑進裡頭躲藏。據說他從此以後不准海克力斯進入梯林斯王宮，一切命令皆透過使者傳達。

布立特星圖中描繪的 獅子座

Bootes / Boo

面積 907平方度　21時位於頂點　6月中旬

擁有全天第四亮的星星
牧夫座

Coma Berenices / Com

面積 386平方度　21時位於頂點　5月下旬

星座本身就是一個「星團」
后髮座

波德星圖中描繪的 牧夫座、后髮座

　　牧夫座是在腓尼基王國誕生的星座，也曾在西元前850年左右，希臘大詩人荷馬的史詩《伊利亞特》和《奧德賽》中出現過，是個歷史悠久的星座，還是托勒密48星座當中的一個。

　　后髮座則是由晦暗星星聚集而成的不規則星座，若不是在天空漆黑的地方可能不太好找。雖說星座的起源可以追溯至希臘時代，卻沒有被納入托勒密48星座當中。它在1602年天文學家第谷·布拉赫加入一覽表以前，並沒有多少知名度。

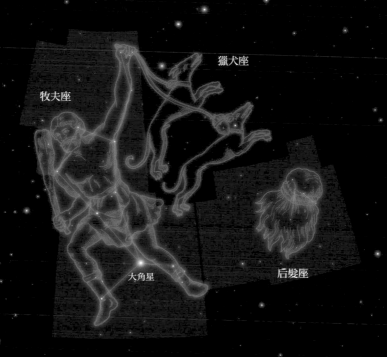

牧夫座

獵犬座

大角星

后髮座

與此星座圖同方向的時期
★ 3月中旬 ················· 3點
★ 4月中旬 ················· 1點
★ 5月中旬 ················· 23點
★ 6月中旬 ················· 21點

�֍ 尋找牧夫座／后髮座的方法

　　亮度是全天第四亮、在春季夜空中最為明亮的橘色大角星，即是牧夫座的標誌。從這裡延伸出去的領帶形狀星星就是牧夫座。

　　而在大角星、獅子座尾端的星星五帝座一、室女座一等星角宿一所連結而成的「春季大三角」北邊中央附近聚集的幾顆星就是后髮座。

貝勒尼基
的頭髮

古代埃及王妃貝勒尼基擁有一頭非常美麗的秀髮，鄰近諸國都知道這個傳聞。

有一次，埃及與強國亞述之間發生了戰爭，年輕的國王率軍出征。一想到身在戰場的國王，王妃就滿心擔憂，到了夜晚也無法入睡。

然後某一天，有使者從戰場歸來，詳盡地報告戰爭的狀況，但說出口的卻是埃及軍被敵軍打敗，王也被敵人捕獲的可怕消息。受到驚嚇的王妃連忙趕往女神伊西絲的神殿。

「伊西絲女神啊，請您聆聽我的願望，幫助王與埃及軍隊。倘若我的願望得以實現，我願意為女神做任何事。」

在長居神殿、不停祈禱的王妃面前，伊西絲女神現出了身形。

「我允許妳的請求。埃及會獲得勝利，國王將平安無事地返回。到時妳就獻上那比生命還寶貴的頭髮吧。」

不久以後，埃及軍獲得勝利、國王即將凱旋的消息傳到王妃耳中，王妃便遵照約定剪下頭髮，獻給伊西

赫維留斯星圖中描繪的 牧夫座、后髮座

絲女神。從戰場歸來的國王看到王妃將引以為傲的秀髮剪得極短，不禁怒火中燒，但等到從大臣們口中聽到理由，內心便被王妃的愛打動了。

就在那個時候，天文博士衝了進來，告訴大家天空中又有新的星座開始閃爍光芒，而那正是伊西絲女神受到貝勒尼基的心意感動，將她的秀髮升上天際化成的星座。

義大利法爾內塞宮壁畫中描繪的 牧夫座

※ 牧夫座的故事

獵人阿魯卡斯與母熊卡麗絲托

希臘眾神之王宙斯與美麗的森林寧芙卡麗絲托相愛，兩人之間還生下兒子阿魯卡斯。不過，卡麗絲托卻因為宙斯天妃希拉女神的詛咒，變成了醜陋的熊（參照p21，大熊座）。卡麗絲托為自己的命運悲傷嘆息，而後身影便隱沒在森林深處，她的兒子阿魯卡斯則被親切的寧芙麥雅撿走，健康地長大成人。

大約經過了二十年歲月，阿魯卡斯已經成長為優秀的獵人。有一天，阿魯卡斯與獵人朋友走散了，獨自一人迷失在廣闊的森林中。在命運絲線的牽引之下，他突然碰見一頭巨大的熊，那就是他的母親卡麗絲托變身後的樣子。卡麗絲托當下便認出眼前這個年輕獵人是自己的兒子。她因為太

過思念心愛的孩子，想上前擁抱阿魯卡斯。不過阿魯卡斯作夢都想不到他的母親居然會變成熊，只將那隻巨熊的舉動當成攻擊行為，大驚之下便抓起手上的弓箭，眼看著就要將熊殺死。

在天上看到這一幕的宙斯，不想讓兒子親手弒母，於是也將阿魯卡斯變成熊，並將熊母子升上天空形成星座，那就是大熊座與小熊座。另外，傳說獵人阿魯卡斯的模樣也變成了牧夫座。

不過，希拉女神曉得了這件事以後，再也無法遏止心中的怒氣。她前往海神俄刻阿諾斯之處，提出要求：「無論如何，只有那兩母子的星座不可以進入海中休息。」據說從此之後，大熊座與小熊座就只能一年到頭在北方天空閃耀，無法休息。

面積 1294平方度　21時位於頂點　5月中旬

具有全天第二大面積的星座
室女座

波德星圖中描繪的 室女座

在西元前3200年出現時是代表麥穗的星座，但後來則變成了女神手持麥穗的模樣。為托勒密48星座之一，也是黃道12星座的其中一個。

在僅有三個的春季一等星中，位居最南邊的純白星星角宿一即是室女座的標誌。當角宿一在正南方天空中閃耀時，牧夫座的一等星大角星便會高懸於頭頂散發光輝，所以這兩顆星也被稱作「夫妻星」。

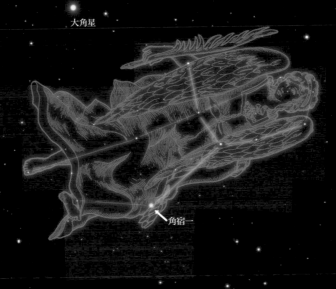

大角星

角宿一

與此星座圖同方向的時期
★ 2月上旬 ················ 3點
★ 3月中旬 ················ 1點
★ 4月中旬 ················ 23點
★ 5月中旬 ················ 21點

✸ 尋找室女座的方法

　　在春季南方天空中明亮閃耀的純白一等星，就是室女座的
角宿一。而從這顆星往外連成Y字形的行列，即是室女座的標
誌。它形成了右手拿著羽毛、左手持有麥穗的姿態，而在古希
臘與埃及地區，羽毛是正義的象徵，麥穗則是農業的象徵，因
此也諭示著室女座兼有正義女神與農業女神的樣貌。

悲傷的女神
狄蜜特

農業女神狄蜜特與天神宙斯育有一個女兒，名叫珀耳塞福涅。有一天，她在和感情融洽的少女們摘花嬉戲的時候，看見不遠的地方開著一朵非常美麗的花。環顧四周，朋友們都非常專心地採摘花朵，似乎沒有人注意到那朵花。她悄悄靠近，聞到相當好聞的芳香。

然而，正當珀耳塞福涅想把花摘下的那一瞬間，大地突然裂開，漆黑的戰車從中飛出。而戰車上臉色慘白的男人，便在轉眼間抓起她，然後再度潛入大地之中，消失了身形。當朋友們聽到珀耳塞福涅的尖叫，抬起頭來看的時候，大地已經恢復原狀，到處都沒有珀耳塞福涅的蹤影。

得知女兒消失不見的農業女神狄蜜特找遍了全世界。她逢人就問，甚至對路邊的石頭草木詢問女兒的下落，但沒有人知道。一次偶然中，知識淵博的赫卡忒告訴她「若是太陽神的話，應該看得到地上所有的事情吧」。事實上，太陽之神赫利奧斯的確知道。

「冥界之王黑帝斯想讓珀耳塞

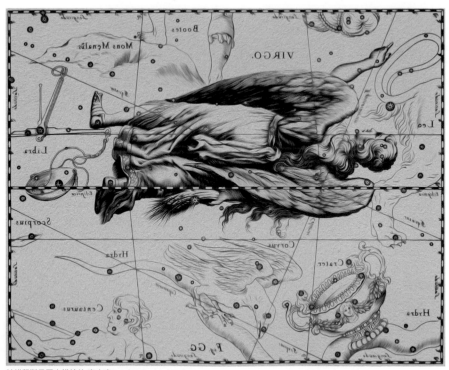

赫維留斯星圖中描繪的 室女座

福涅做自己的妻子，所以把她帶走了。」他一臉同情地說出這段話。狄蜜特女神的悲傷轉變成了憤怒。因為她想到，會允許冥王黑帝斯抓走珀耳塞福涅的，肯定是珀耳塞福涅的父親、同時也是冥王黑帝斯之弟的宙斯。

狄蜜特女神離開了神國，降臨地面，並在神殿閉門不出，不言不語也不見任何人。而由於身為農業女神的狄蜜特悲傷得緊閉心門，導致世界上的花草全部枯萎，樹木也無法結果。

「若是無法緩和狄蜜特女神的悲傷，那麼所有的生物都將死去」，感到害怕的宙斯只得告訴哥哥，讓他把珀耳塞福涅還給她母親。

雖然黑帝斯不情不願地答應了，卻暗自擬定計策，拿了幾顆石榴籽交給即將回歸地面的珀耳塞福涅。因為按照規定，吃過冥府食物的人或神無法離開冥界。而不知道這條規矩的珀耳塞福涅，就這樣吃下四顆石榴籽。

看到女兒歸來，農業女神的心也敞開了，新嫩的綠芽開始露出大地。但是下一刻，女神的心又再度凍結，因為她發現珀耳塞福涅已經吃過死者之國的食物。

天神宙斯只得介入黑帝斯與狄蜜特之間居中協調。最後的結果是，珀耳塞福涅需要按照所吃的石榴果實數目，在冥界待上四個月的時間。珀耳塞福涅溫柔地安慰難過嘆息的狄蜜特女神。

「母親大人，請不要難過。黑帝斯對我非常溫柔，而且只有四個月的時間見不到面，等過了這四個月，我又能和母親大人一起生活了啊。」

與女兒分離的四個月期間，農業女神沉溺於悲傷之中，植物枯萎、冬天造訪大地。但是過了這段時期以後，珀耳塞福涅回歸地面，狄蜜特女神欣喜萬分，草木發芽茁壯，地上迎來了春天。

傳說室女座正是這位農業女神狄蜜特的身影。

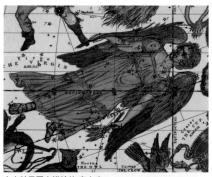

布立特星圖中描繪的 室女座

在厄琉息斯發現的浮雕上繪有狄蜜特與珀耳塞福涅

Mythology of Constellations in the Spring

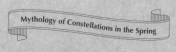

Hydra / Hya

面積 1303平方度　21時位於頂點　5月中旬

全天88星座中面積最大的星座

長蛇座

Corvus / Crv

面積 184平方度　21時位於頂點　5月上旬

排列成梯形的小型星座

烏鴉座

Crater / Crt

面積 282平方度　21時位於頂點　4月下旬

與長蛇座中間部分相鄰的星座

巨爵座

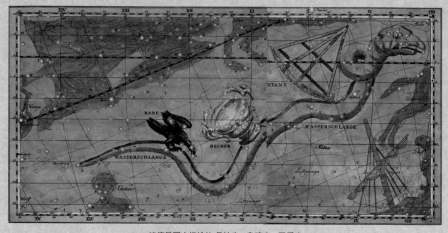

波德星圖中描繪的 長蛇座、烏鴉座、巨爵座

長蛇座是全天88星座中面積最大的星座，向東西延伸，長度很長，從頭部前端浮現地平線到尾部完全升起，需要花上長達六個小時的時間。星座起源十分古老，大概在西元前3200年即是為人所知的星座，和烏鴉座、巨爵座一樣，都是托勒密48星座之中的一個。

烏鴉座於西元前1900年左右誕生，屬於小型星座，雖然是由四等的微暗星星組成，但因為周圍星星較少，所以依然顯眼。

巨爵座則是在腓尼基誕生的星座。

巨爵座

烏鴉座

長蛇座

星宿一

與此星座圖同方向的時期
★ 1月上旬 ·············· 3點
★ 2月中旬 ·············· 1點
★ 3月中旬 ·············· 23點
★ 4月中旬 ·············· 21點

✵ 尋找長蛇座／烏鴉座／巨爵座的方法

　　將通過巨蟹座、獅子座、室女座南方，直達天秤座周圍的星星，高高低低地連接起來，就形成了長蛇座。而在長蛇心臟處發光的二等星星宿一（別名：Alphard）是帶著紅光、十分引人注目的二等星。

　　烏鴉座、巨爵座則是位在長蛇軀體上方的小型星座，形狀完整，馬上就能夠辨別出來。

擁有九顆頭的怪物許德拉

　　在海克力斯的十二項冒險任務當中，第二項即是消滅棲息於阿彌墨涅沼澤的怪物許德拉。海克力斯乘坐姪子伊奧勞斯駕駛的馬車，來到阿彌墨涅沼澤。環顧四周，發現沼澤周圍到處都是前來喝水，卻被許德拉以劇毒殺死的各種動物屍體，而凶手本人則完全不見蹤影。這時，雅典娜女神悄悄地將許德拉的巢穴告知海克力斯。而走到女神諭示的洞窟深處，確實聽見了「嘶啾、嘶啾」的聲音。海克力斯將燃起火焰的箭支射進洞窟深處之後，許德拉因為睡眠被打擾而怒火中燒，就從洞窟裡竄了出來。許德拉擁有九顆頭，是一條身形有人類二十倍之多的巨型長蛇。許德拉迅速地纏上海克力斯的雙腳，將海克力斯拖倒在大地上，並往他的臉噴吐毒氣。「我老早就知道有這種毒氣了！」

　　海克力斯屏住呼吸，揮下棍棒狠狠地敲打許德拉的頭部。就連許德拉也對這種舉動感到畏懼，鬆開了海克力斯的雙腿。

　　此時，一隻巨大螃蟹從沼澤裡冒了出來，還用牠的蟹螯鉗住海克力斯

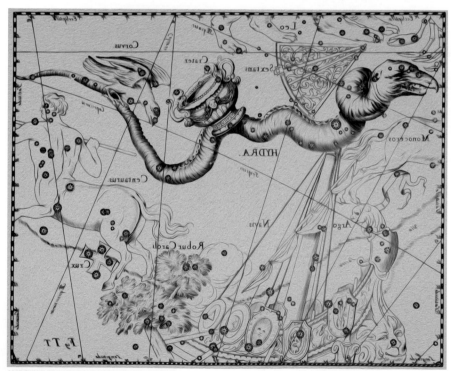

赫維留斯星圖中描繪的 長蛇座、烏鴉座、巨爵座

的腳。海克力斯揮動棍棒，一擊之下就將螃蟹怪物敲得支離破碎。

而許德拉便趁機直起身體，讓九顆頭一起噴出毒氣，同時發動攻擊。海克力斯拔出劍，砍向許德拉。

海克力斯砍下許德拉的頭，沒想到從切口處居然又立刻生出了新的頭。砍掉另一顆頭，又生出新的頭，切斷另一個又再度長出新的頭……。這樣下去不管如何奮戰都沒辦法打死牠。

海克力斯想到一個妙計，喚來姪子伊奧勞斯。

「趕快點燃火把，看到我砍下許德拉的頭，就馬上燒灼那個傷口。」

和海克力斯想的一樣，一旦被火把燒過，就無法從切口處再生新的頭顱。最後只剩下第九顆蛇頭，但這顆頭卻是不管怎麼砍都無法留下傷痕的不死之身。於是，海克力斯扛起巨大得像座山的岩石，瞄準許德拉投擲過

去，將牠封閉在岩石之下。

關注這場戰鬥的希拉女神，為感念許德拉奮勇應戰，將牠放上天空化成星座，這就是長蛇座的由來。

※ 巨爵座、烏鴉座的故事
悲哀的
回憶之杯

雖然這是兩個很小的星座，不過卻從很早以前就已經存在，而且也都在希臘神話裡留下了它們的故事。

巨爵座流傳著各式各樣的傳說，比如說是酒神戴奧尼索斯、音樂之神阿波羅、公主美狄亞的杯子等等，不過在這裡，我們要介紹的是與戴奧尼索斯有關的故事。

酒神戴奧尼索斯順路拜訪雅典的時候，得到雅典王伊卡里俄斯非常鄭重且熱烈的招待。戴奧尼索斯十分開心，就將秘傳的美酒釀造法傳授給伊卡里俄斯，並賞賜了一個杯子給他。

國王馬上著手釀造剛剛獲得配方的美酒，然後設宴招待國民。但是第一次喝酒醉倒的民眾，卻誤以為王讓他們喝下毒藥，於是殺掉了國王。酒神戴奧尼索斯知道了以後非常難過，就將王的回憶與當初賜下的杯子變成了星座。

至於烏鴉座的故事，請參看蛇夫座（P60）。

消滅許德拉的海克力斯（Gustave Moreau 繪）

以春季大三角為中心的春季星座。上方
為北斗七星，右邊為獅子座，左邊為牧
夫座，中央附近則有后髮座、室女座。

夏季
星座神話

夏季星座大多會沿著明亮的銀河散發光芒，
而且形狀都十分好找。
不過在那片天空流傳的故事，
卻滿溢著人生的悲哀。

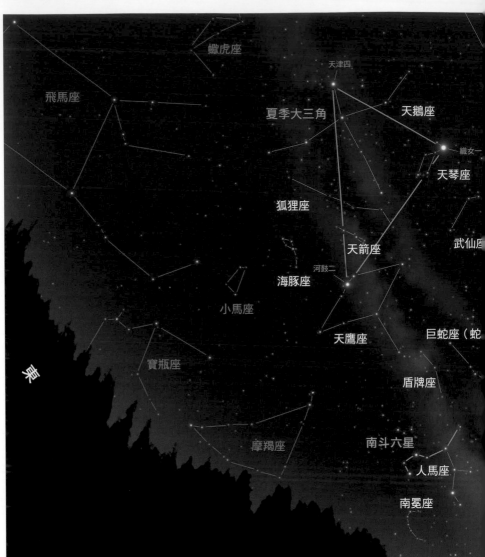

蠍虎座

天津四

飛馬座

夏季大三角

天鵝座

織女一

天琴座

狐狸座

天箭座

武仙座

海豚座

河鼓二

小馬座

天鷹座

巨蛇座（蛇

寶瓶座

東

盾牌座

南斗六星

摩羯座

人馬座

南冕座

❋ 夏天的星座

　　夏天傍晚，夏日的銀河自南方地平線穿越東方高空，連向北方地平線，閃爍著光輝。可惜在都會明亮的天空中，不太可能看見銀河，但若是郊外漆黑的天空，即可清楚地看見彷彿白色雲帶一般的景象，主要的夏季星座都沿著這條銀河錯落分布。

　　在銀河西岸的南方低空中發出紅色光芒的一等星，是天蠍座的心宿二。將這顆星夾在中間，星星排列成巨大S字的地方就是天蠍座。而在它的左邊，銀河東岸有六顆星星構成小小的杓狀，那一塊就稱為「南斗六星」，同時也是人馬座的標誌。相反的，在天蠍座右邊，星星排列成反向「く」字的地方則是天秤座。

　　在天蠍座上方，有個由星星組成的巨大五角形，那就是蛇夫座，把它左右兩邊的星星串連起來，即可勾勒出巨蛇座。

大熊座

獵犬座

獅子座

牧夫座

后髮座

北冕座

大角星

巨蛇座（蛇頭）

室女座

西

角宿一

天秤座

長蛇座

宿二

座

豺狼座

可見到相同天空的時期

★ 3月中旬 … 5點左右（黎明）
★ 4月中旬 ………… 3點左右
★ 5月中旬 ………… 1點左右
★ 6月中旬 ……… 23點左右
★ 7月中旬 ……… 21點左右
（北緯35°附近）

　　蛇夫座上方，星星排列成兩個梯形的區塊即為武仙座；在武仙座右邊，星星排列出半圓形之處則是北冕座。

　　還有，在高空之中以三顆明亮的星星形成等腰三角形的地方，就是「夏季大三角」。最明亮的星星是天琴座的織女一，第二亮的是天鷹座的河鼓二，第三亮的則是天鵝座的天津四，這三顆星星都是各自星座的標誌，而且還分別代表了七

夕的織女星、牛郎星與喜鵲之星。天鷹座的東側有海豚座。

　　另外，雖然位置落在這張圖之外，不過這段時間裡，擁有北極星的小熊座以及環繞在它周圍的天龍座，皆懸掛於北方的高空，也是最容易觀察的時期。

面積 1083 平方度　21時位於頂點　7月中旬

環繞北極星180°的星座
天龍座

波德星圖中描繪的 天龍座

　　此星座在腓尼基被稱為蛇的星座，傳入希臘後則變成了天龍座，是托勒密48星座的其中一個。

　　天龍座位在靠近天空北極的地方，雖然星座內的亮星較少，但若能夠找到頭部處由四顆星構成的小梯形，接著尋找組成軀體的星星就簡單得多了。一整年幾乎都可以看到它的身影，不過龍的頭部位於天琴座附近，最容易觀察的季節可說是夏季。

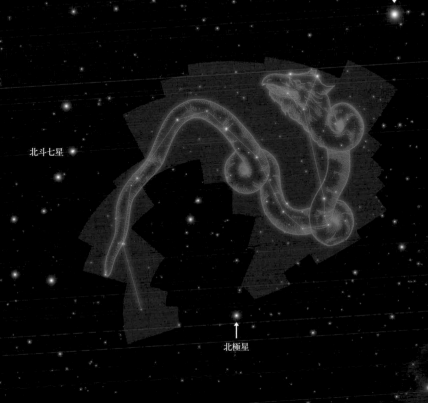

織女一

北斗七星

北極星

與此星座圖同方向的時期
★ 4月中旬 ············· 3點
★ 5月中旬 ············· 1點
★ 6月中旬 ············· 23點
★ 7月中旬 ············· 21點

✳ 尋找天龍座的方法

　　它是環繞北極星長達180°的星座，當中有某一部分幾乎全年可見。

　　在北極星與天琴座的連線上大約三分之一處，往北極星靠攏的地方就是天龍座的頭部。從這個位置開始，龍有一段朝著仙王座的方向蜿蜒，然後在途中扭轉了軀體，彎曲地繞過北極星周圍，最後尾巴尖端則到達北斗七星的前端。

守護龍拉冬的功績

　　海克力斯聽從梯林斯之王歐律斯透斯的命令，完成了十二項偉大的冒險，而第十一項任務，就是要他帶回黃金蘋果。

　　這蘋果是大地女神蓋亞送給希拉女神的結婚禮物。女神非常喜歡這件禮物，就將它種在秘境赫斯珀里得斯聖園當中，並吩咐巨人阿特拉斯的女兒們照料果樹，然後由拉冬負責看守蘋果。拉冬是一條擁有上百顆頭的龍。

　　雖然海克力斯接到命令，要將金蘋果帶回來，可是他對赫斯珀里得斯聖園的所在位置根本毫無頭緒。正四處搜尋的時候，他遇到了一群寧芙。

　　「普羅米修斯一定知道，去問問他吧。」好心的寧芙們將普羅米修斯的所在之處告訴了他。

　　普羅米修斯被鎖在世界極東處的高加索山上，而且每天都會有一隻老鷹飛來啄食普羅米修斯的肝臟，可是擁有不死之身的普羅米修斯一到隔天，身體就會恢復原來的樣子，日復一日地忍受無窮無盡的痛苦。這是因為普羅米修斯將火交給未開化的人類，並傳授知識給他們，使得宙斯大

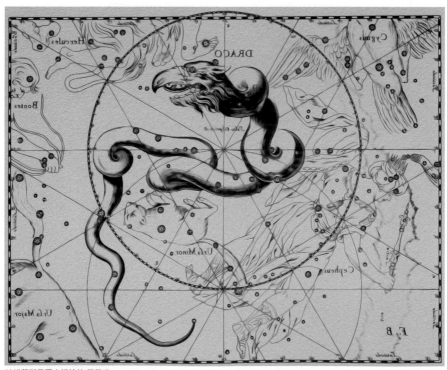

赫維留斯星圖中描繪的 天龍座

怒並對普羅米修斯降下了懲罰。

　　海克力斯十分同情他，於是斬殺了飛來啄食的老鷹，並將鎖住普羅米修斯的鍊子解開。想當然，普羅米修斯相當開心，告訴了他有關金蘋果的消息。

　　「人類沒有辦法進入赫斯珀里得斯聖園。所以，你先前往世界西方的盡頭吧。我的兄弟阿特拉斯在最高的山峰上支撐著天空。因為阿特拉斯的女兒們正好負責照顧蘋果樹，所以可以讓阿特拉斯將蘋果帶回來。」

　　海克力斯聽從賢者普羅米修斯的教導，在渡過重重困難與危機後，總算抵達了阿特拉斯所在之處。然後就將普羅米修斯以及想拜託他採蘋果的事，全部告訴阿特拉斯。

　　「可是，那裡有一條叫作拉冬的恐怖惡龍……」阿特拉斯有些退縮。海克力斯看向山的遙遠彼端，金蘋果樹上盤踞著一條龐大的龍。於是，海克力斯便拉弓搭箭，慎重地瞄準目標，放出箭矢。箭矢精準地命中，輕而易舉地一箭射死拉冬。這也是理所

擎天的海克力斯 利用活躍於16世紀的畫家Heinrich Aldegrever所繪線圖為藍本上色的畫稿

當然，因為海克力斯的箭上塗有劇毒的許德拉之血。

　　阿特拉斯看見這情景，對海克力斯說：

　　「那我就向女兒們解釋原因，讓她們摘取蘋果吧。但是這段期間你能幫我撐住天空嗎？」

　　海克力斯對自己的怪力很有自信，但從阿特拉斯手上接過的天空重量卻超乎想像，不僅壓彎了海克力斯的背脊，也讓他的雙腳深深地陷入大地之中。

　　不一會兒，阿特拉斯順利帶著蘋果回來了。海克力斯正想將天空交還給阿特拉斯，但阿特拉斯卻只是站在不遠處說：「我會把這蘋果帶到歐律斯透斯王面前，在我回來以前你就先扛著天吧。」他打算讓海克力斯　直在此地支撐天空。海克力斯察覺到這一點，對阿特拉斯表示：「那就麻煩你囉。不過在此之前，我想稍微調整一下姿勢。」人很好的阿特拉斯就將天空從海克力斯手上接了過來。

　　「我想，天空的重擔還是交給你吧，蘋果我會帶到國王面前。」

　　海克力斯說完，便一溜煙地往山下跑。就這樣，海克力斯順利地完成了第十一項命令。

　　而被海克力斯殺死的龍，則因為長久以來守護蘋果的功勞，被希拉女神化成星座，那就是天龍座。

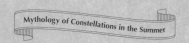
Hercules / Her

面積 1225平方度　21時位於頂點　7月下旬

顛倒高掛在空中的希臘英雄
武仙座

Corona Borealis / CrB

面積 179平方度　21時位於頂點　7月上旬

星星排列成半圓形的美麗星座
北冕座

波德星圖中描繪的 武仙座、北冕座

　　西元前4000年左右的蘇美爾時代，武仙座是象徵「被鎖鏈銬住的神」的星座，傳入希臘之後，則變成了英雄海克力斯的模樣。雖然上下顛倒，看上去並不強悍，但卻是將春季星座中的巨蟹座、獅子座、長蛇座以及變成夏季星座──天龍座的怪物們全部誅殺殆盡的強者。

　　武仙座、北冕座皆屬托勒密48星座之一。

　　北冕座也是自西元前3200年左右便誕生了，是相當古老的一個星座。面積較小，幾乎全部的星星都是四等星，雖然暗卻相當顯眼。

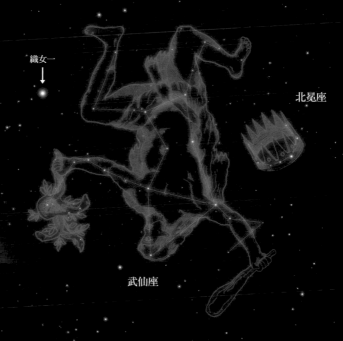

織女一

北冕座

武仙座

★ 4月下旬 ·················· 3點
★ 5月下旬 ·················· 1點
★ 6月下旬 ·················· 23點
★ 7月下旬 ·················· 21點

✳ 尋找武仙座／北冕座的方法

　　星星排列有如兩個連在一起的梯形，或者像鼓樂器一樣的
區塊，就是武仙座的標誌。英雄的身影上下顛倒，形成右手揮
舞棍棒，左手掐著蛇的姿態。

　　在武仙座和牧夫座之間，星星排列成半圓形的就是北冕
座。因為星座形狀整齊，所以相當醒目。

希臘第一的英雄

海克力斯是天神宙斯與阿爾戈斯公主阿爾克墨涅所生之子。據說宙斯正妃希拉女神出於嫉妒，在海克力斯剛出生不久時便放毒蛇潛入搖籃裡頭，但海克力斯輕鬆地用雙手掐死了蛇。

長大成人後，海克力斯與底比斯公主結婚，過著幸福美滿的日子。可是好景不常，希拉女神的詛咒粉碎了幸福。海克力斯突然瘋狂殺害了自己的妻子與孩子們。恢復理智的海克力斯想要自殺，卻被堂兄弟阻止，請求天神宙斯予以審判。而為了償還這

帶回地獄看門犬刻耳柏洛斯的海克力斯，讓國王十分害怕

項大罪，宙斯要求他在十二年間服侍歐律斯透斯王，並完成以下十二項大冒險。然而在天神宙斯的命令之下，荷米斯、阿波羅、赫菲斯托斯、雅典娜、波賽頓等諸神也都為海克力斯準備了武器、馬車、鎧甲之類的用品。

1：殺死涅墨亞的食人獅

2：殺死阿彌墨涅沼澤怪物海德拉

3：活捉刻律涅的魔鹿

4：捕獲厄律曼托斯山的巨大野豬

5：清掃奧革阿斯王的牛棚

6：殺死擁有鐵爪、鐵喙，棲息在斯廷法利斯森林裡的怪鳥

7：活捉克里特島上的兇暴公牛

8：制伏狄俄墨得斯的吃人馬

9：奪走亞馬遜女王希波呂忒的腰帶

10：制伏住在厄律提亞的怪物革律翁

11：摘回赫斯珀裡得斯聖園的金蘋果

12：活捉地獄看門犬刻耳柏洛斯

雖然提出這些難題的是歐律斯透斯王，但是指點國王想出這極度危險任務的人，當然還是希拉女神。雖然希拉女神一直期待海克力斯會死在某

與許德拉搏鬥的海克力斯（安托尼歐·碟爾·波雷優羅繪）

隻怪物的毒牙之下，可是那些計謀和盤算全都未能如願。經過十二年的時間，在結束冒險任務、贖完罪的那一刻，英雄海克力斯的聲名已在整個希臘廣為流傳。

海克力斯死後升天，成為眾神之一。在為數眾多的諸神子息當中，也只有海克力斯一人升格為神。並且他也和希拉女神達成和解，迎娶了希拉之女——全身好似透出光輝般美麗的青春女神赫柏為妻，在奧林帕斯過著平靜祥和的日子。

※ 北冕座的故事

戴奧尼索斯的贈禮

過去，克里特島上曾有一隻怪物，名叫彌諾陶洛斯。因為雅典人民殺死了克里特的王子，於是為了賠罪，雅典每隔九年就要送上七名年輕男女到克里特島，作為彌諾陶洛斯的食物。當在遠方長大的年輕王子忒修斯回到雅典，知道這件事以後，決定殺死彌諾陶洛斯，因此自願加入祭品隊伍，成為其中一個犧牲者。抵達克里特島後，忒修斯與克里特公主阿里阿德涅相戀，也藉由公主的幫助順利殺死了彌諾陶洛斯，並帶著公主離開克里特島。

途中，當他們停靠在小島休整的時候，酒神戴奧尼索斯出現在忒修斯面前。

「阿里阿德涅是我的新娘。把她留下來，你立刻離開這座島！」

無法違抗神祇，傷心的忒修斯只得駕著船，在深夜的海上離去。

隔日清晨，當阿里阿德涅知道她被遺棄之後，悲傷地想從斷崖一躍而下。這時戴奧尼索斯出現在她的面前，溫柔地安慰她，並提出了結婚的要求。而在結婚典禮當天，新郎送給新娘一頂華美的冠冕。阿里阿德涅度過了幸福的一生，據說在她死後，戴奧尼索斯懷著不變的愛，把那頂冠冕化成了星座。

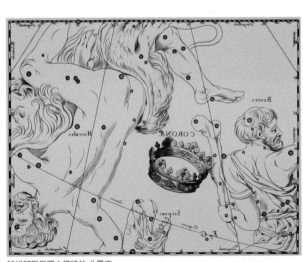

赫維留斯星圖中描繪的 北冕座

Lyra / Lyr

面積286平方度　21時位於頂點　8月中旬

Cygnus / Cyg

面積804平方度　21時位於頂點　9月上旬

在高空閃耀的織女一是它的標誌
天琴座

與銀河重疊的巨大十字形
天鵝座

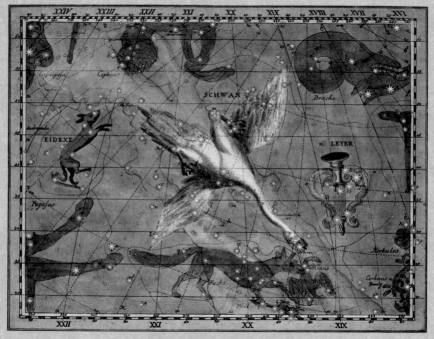

波德星圖中描繪的 天琴座、天鵝座

　　天琴座是西元前1200年左右誕生在腓尼基的星座。它是托勒密48星座之一，呈現古代樂器「豎琴」的模樣。

　　一等星織女一是夏季夜空中最明亮耀眼的星，自古以來便為人所熟悉，在日本有「織女星」之稱，到了北歐地區則喚作「夏夜女王」。

　　天鵝座即是西元前1200年左右的腓尼基，以及西元前300年左右希臘人認識的鳥座，為托勒密48星座之一。若是天空條件良好的場所，就能夠看得出星座整體皆沉浸在夏日銀河當中。

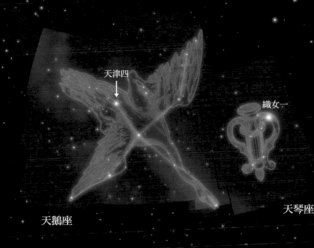

天津四

織女一

天琴座

天鵝座

與此星座圖同方向的時期
（天鵝座在正中央）
★ 6月上旬 ⋯⋯⋯⋯⋯⋯ 3點
★ 7月上旬 ⋯⋯⋯⋯⋯⋯ 1點
★ 8月上旬 ⋯⋯⋯⋯⋯ 23點
★ 9月上旬 ⋯⋯⋯⋯⋯ 21點

�֎ 尋找天琴座／天鵝座的方法

　　夏日傍晚時分，有三顆非常引人注意的亮星在高遠的天際散放光輝，而這就稱為「夏季大三角」。三顆星中最明亮的就是天琴座的織女一。星星從此處延伸出一個小小的平行四邊形，那就是天琴座，呈現出古希臘流行樂器──豎琴的模樣。

　　還有，由三顆星中最暗的天津四帶頭，星星排列成大十字形狀者即是天鵝座。

豎琴悲傷的音色

奧菲斯是色雷斯王與音樂女神之一的卡利俄佩所生之子。音樂之神阿波羅賜予他豎琴，音樂女神們教他如何演奏，最後成為希臘首屈一指的詩人與音樂家。據說當他奏起豎琴、開口演唱的時候，不只人類，甚至連凶猛的野獸與腳邊的雜草都會沉迷於樂聲之中。

奧菲斯與美麗的寧芙尤麗提西結為連理，但尤麗提西卻在一次突如其來的意外事故中死去。悲傷的奧菲斯久久難以忘懷，於是下定決心前往死者之國尋回妻子。

當奧菲斯一邊唱著思念尤麗提西的歌曲，一邊彈奏豎琴之時，萬物都為他指引通向死者之國的道路。

地獄看門犬刻耳柏洛斯守在冥界入口處，牠一看到身為活人的奧菲斯就激動地吠叫，並撲上前想要咬死他。奧菲斯毫不畏懼地彈奏豎琴，開始唱起歌來。結果刻耳柏洛斯竟然變得像貓一樣乖順，並且放奧菲斯通行。

奧菲斯走到冥河河畔，請求擺渡人卡戎渡他前往冥界，但卡戎卻是不理不睬。於是奧菲斯彈起豎琴，開口唱歌。結果，卡戎面無表情的臉上泛

關係和睦的奧菲斯與尤麗提西（柯洛繪）

出了淚水，還送他渡過冥河。

在冥界之王黑帝斯面前，奧菲斯投注所有的心力與靈魂，詠唱著思念尤麗提西之歌。冥神黑帝斯聆聽著樂曲，眼眶泛出了誕生之後首次流的淚水，於是破例答應讓奧菲斯的妻子重返人間。

「但是，在走出冥界以前，你都不可以回頭看！」黑帝斯如此吩咐。

奧菲斯興高采烈地朝著地面前進。不過應該跟在身後的尤麗提西，卻聽不到一點腳步聲。奧菲斯越來越擔心，當看到遠方出現地表的陽光時，因為太過懷疑與喜悅，他終於忍不住回頭看去。

「啊！」

隨著一聲微弱的叫喚，只見尤麗提西的身影如同煙霧一般消散無蹤。

破壞了約定的奧菲斯再也無法靠近冥界，於是在難以承受的後悔與極度悲傷之下氣絕身亡。

據說音樂之神阿波羅十分憐憫奧菲斯，就將贈予他的豎琴升上夜空，化成天琴座。

✳ 天鵝座的故事

宙斯的化身

廷達瑞俄斯與伊卡里俄斯是共同統治斯巴達的王。斯巴達的奴隸數量占人口的九成，傳統上都是由兩位國王共同執政，不過伊卡里俄斯與廷達瑞俄斯不合，便想方設法地將廷達瑞俄斯逐出斯巴達。

年輕的廷達瑞俄斯輾轉來到埃托利亞的忒斯提俄斯王身邊，並且在那裡與埃托利亞的公主勒達相戀、結婚。

有一天，天神宙斯看上了這位勒達公主。於是宙斯就變化成正被老鷹追趕的天鵝，撲進勒達懷中，接著成功與她交媾，後來勒達產下兩顆風信子色的蛋。一顆蛋裡生出了卡斯托爾與波魯克斯兄弟（雙子座，參照p124），另一顆蛋則誕生出後來變成邁錫尼王妃的克呂泰涅斯特拉，以及引起特洛伊戰爭、波及整個希臘的絕世美女海倫。

宙斯當時的樣貌化成的星座就是天鵝座。

變成天鵝的宙斯與勒達（倫敦，艾伯特美術館收藏）

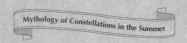

Ophiuchus / Oph

面積 948 平方度　21時位於頂點　7月下旬

腳踏天蠍，手執巨蛇的名醫
蛇夫座

Serpens / Ser

面積 428 平方度　21時位於頂點　7月上旬（頭部）
面積 208 平方度　21時位於頂點　8月下旬（尾部）

被蛇夫座一分為二的星座
巨蛇座

波德星圖中描繪的 蛇夫座、巨蛇座

　　古巴比倫時代將蛇夫座與巨蛇座看作一體，認為那是怪獸與龍的
星座。傳入腓尼基以後則變化成捕蛇男子的星座，而後被希臘繼承，
即形成了蛇夫座。是托勒密48星座之一，而它在這個時間點還是一個
星座，但不知何時就被人切分為蛇夫座與巨蛇座。

　　雖然蛇夫座並不屬於黃道12星座，但事實上它位於太陽軌道「黃
道」之上，而且太陽停留在蛇夫座的時間還比天蠍座來得長一些。

蛇夫座

巨蛇座（尾）

巨蛇座（頭）

與此星座圖同方向的時期
（蛇夫座在正中央）
★ 4月下旬 …………………… 3點
★ 5月下旬 …………………… 1點
★ 6月下旬 …………………… 23點
★ 7月下旬 …………………… 21點

✳ 尋找蛇夫座／巨蛇座的方法

　　星星在天蠍座上方排成巨大將棋狀的地方就是蛇夫座，而
蛇夫座左右兩邊則連接著巨蛇座各星星。

　　這兩星座在誕生之初屬同一個星座，到了古希臘時代被拆
分為二。巨蛇座的中央部分被蛇夫座切斷，是唯一一個由兩部
分構成的星座。

名醫
阿斯克勒庇厄斯

　　阿波羅迎娶了美麗的色薩利公主
科洛尼斯為妻，但身兼太陽神、音樂
之神、預言之神，同時也是醫學之神
的阿波羅非常忙碌，總是不能和心愛
的妻子長時間相聚。所以當他無法待
在科洛尼斯身邊的時候，就對一隻身
披銀羽、通曉人類語言的渡鴉下令，
要渡鴉負責將科洛尼斯每天的狀況回
報給他。

　　有一回，渡鴉在途中耽擱所以

遲到了，惹得急於知道科洛尼斯情況
而等到不耐煩的阿波羅大怒。為了辯
解，渡鴉居然謊稱是由於科洛尼斯出
軌，不知道該不該報告所以才會遲
到。

　　憤怒的阿波羅神火速前往科洛尼
斯所在之處。當時已是深夜，科洛尼
斯的家門前卻有人站在那裡。

　　「那肯定是科洛尼斯的情人。」

　　懷著先入為主的偏見，阿波羅便
拿起長弓搭上箭支，迅速瞄準人影所
在的位置射出箭矢。箭支準確無誤地
命中了那個人影。但當阿波羅走近倒
臥在地的身影確認時卻大吃一驚，那
不就是科洛尼斯本人嗎？瀕臨死亡的

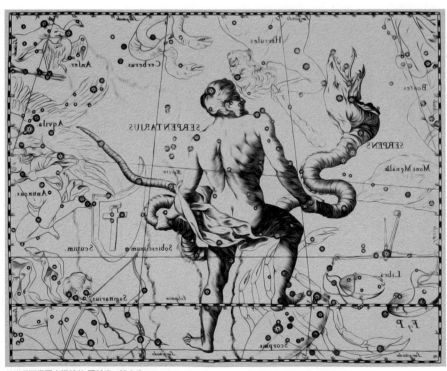

赫維留斯星圖中描繪的 巨蛇座、蛇夫座

她輕撫著阿波羅的臉頰說：「你果然回來了。我覺得你好像回來了，所以才到家門外等你。」話才說完就斷了氣。

得知渡鴉說謊的阿波羅神勃然大怒，於是將渡鴉變成醜陋的黑色，並使其再也無法說出人話，而後還用四根釘子將牠釘在天空上，據說這就是後來的烏鴉座。

然而此時，科洛尼斯肚子裡已經有了阿波羅的孩子。阿波羅為了拯救自己的兒子，便將他放入自己的腿中孕育直到足月，待一出生就將孩子託付給住在皮立翁山上的凱隆。凱隆雖是半人半馬的怪人，但他的才華讓阿波羅神與其妹阿蒂蜜絲女神大為欣賞，並賦予他各式各樣的力量。

凱隆將所有的知識傳授給了阿波羅神之子阿斯克勒庇厄斯。既有身為醫學之神的父親，現在又得到優秀的老師教導，很快地，阿斯克勒庇厄斯便成為青出於藍的優秀名醫。不僅能夠治好其他醫師放棄的重病病患、幫助受到極大創傷的人們，最後甚至還憑藉著智慧女神雅典娜賜下的美杜莎之血的力量，讓死者恢復生氣。

但他也因此觸怒了冥界之王黑帝斯。黑帝斯趕忙會見眾神之王宙斯，提出強烈的抗議：「隨意改變人類既定的命運是連神都無法允許的事情，身為人類卻能復活死者一事更是荒謬無比！」的確，這樣下去會擾亂世界的秩序，於是做出判斷的天神宙斯，便用雷電劈死阿斯克勒庇厄斯。不

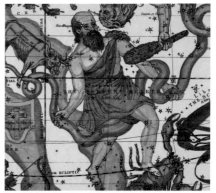

布立特星圖中描繪的 巨蛇座、蛇夫座

過，由於阿斯克勒庇厄斯以醫生的身分做出了高度的貢獻與成就，使得宙斯將他加入星座之中，蛇夫座就這樣誕生了。

阿斯克勒庇厄斯死去之後，越來越受到人們尊敬。在名叫埃皮達魯斯的都市中還建有奉祀他的神殿，為尋求協助而來的病人與傷者在這裡排起了長長的隊列。據說他們在神殿裡祈禱，晚上入睡之後，阿斯克勒庇厄斯就會出現在夢裡，教導他們如何治療疾病與傷口。

另外，化成星座的阿斯克勒庇厄斯之所以呈現雙手抓著大蛇站著的動作，傳說是因為阿斯克勒庇厄斯生前將蛇毒當作藥物使用的緣故。地中海東部一帶自古以來就崇敬蛇類，將牠視為神聖的生物。據說阿斯克雷皮翁的治療院所裡還會施展驅使蛇類的咒語，並採行與蛇有關的休克療法，因為他們相信蛇類強悍的生命力與療癒疾病的力量之間有所關聯。

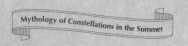
Libra / Lib

面積 538 平方度　21時位於頂點　6月下旬

傳說可裁判正義與邪惡的神之天秤
天秤座

Scorpius / Sco

面積 497 平方度　21時位於頂點　7月中旬

紅色星星心宿二與S形排列為其特徵
天蠍座

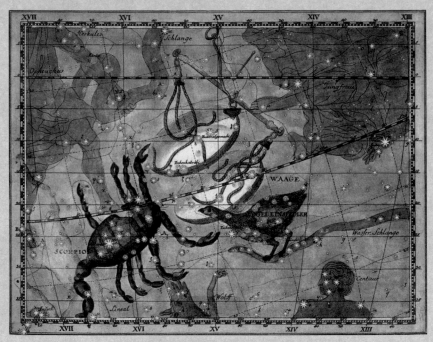

波德星圖中描繪的 天秤座、天蠍座

　　天秤座是「黃道12星座」其中一個，為羅馬時代的尤利烏斯・凱撒時期誕生的星座之一，在此之前是屬於天蠍座的一部分。

　　天蠍座則是在最久遠的古代就已經存在的星座，是蘇美爾時代中誕生的星座之一。既是托勒密48星座的其中一個，也是黃道12星座之一。

　　一等星心宿二的鮮紅色光輝自古以來便引人注目，而心宿二的英文Antares即代表示鮮紅色的行星，有「火星的敵手」之意，在中國被喚作「大火」，在日本還有「酒醉星」之類的稱呼。

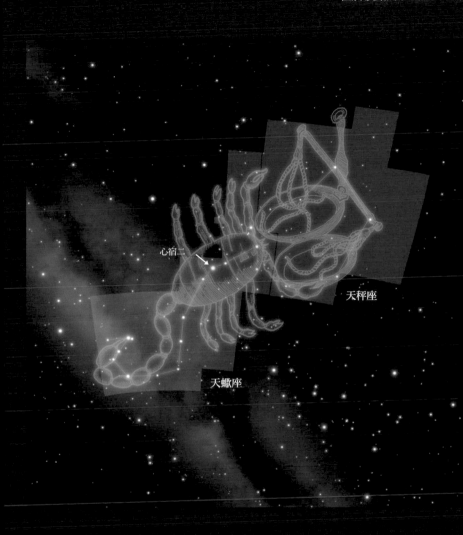

心宿二

天秤座

天蠍座

與此星座圖同方向的時期
（天蠍座在正中央）
★ 4月上旬 ·················· 3點
★ 5月上旬 ·················· 1點
★ 6月上旬 ·················· 23點
★ 7月中旬 ·················· 21點

✳ 尋找天蠍座／天秤座的方法

　　天蠍座是夏季的代表星座，靠近南方地平線，以散發紅色
光輝的一等星心宿二為中心，群星連接成S形，構成非常易於
分辨的型態。

　　天蠍座以西有三顆三等星，與天蠍座頭部的三星以同樣的
形式，排列出反向的「く」字形，那個地方就是天秤座。

裁決正義與邪惡的女神之天秤

根據羅馬神話的內容，此星座呈現的是正義女神阿斯特賴亞手中天秤的樣貌。傳說她會用這天秤衡量死者之魂，並將惡人送入地獄。

人類世紀可以劃分成五個時代。最初的黃金時代，人類從大地出生。眾神與人類一同生活在大地上，諸神爭吵之時人類會擔任仲裁，幼小的神祇也是交給人類撫育。世界各個角落洋溢著平和的氣氛，阿斯特賴亞女神的天秤也總是傾向正義的方向。

而後，黃金時代的人類相繼死去，神祇創造人類，白銀時代到來。這個時代的人們喜好爭奪，強者欺凌弱者。諸神厭倦了人類，於是拋下他們前往奧林帕斯。不過即使性喜鬥爭，但人類絕對不會殺人，也因此，正義女神阿斯特賴亞仍舊不願放棄人類，繼續留在地上，努力引領人們走向正義之道。最後他們被天神宙斯毀滅，白銀時代宣告終結。

下一個時代的人類是從「梣樹」上掉落而生。這時是為青銅時代，人們開始發動戰爭，甚至變得連父子兄弟都會彼此殘害。然後他們自取滅

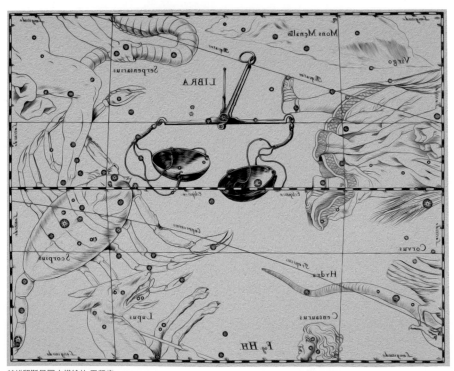

赫維留斯星圖中描繪的 天秤座

亡，全部死絕。

　　而後接續的英雄時代，雖然邪惡依然四處蔓延，但在以諸神為父、以人類為母的正義英雄們出現之後，阿斯特賴亞女神也稍稍重振了精神。

　　可是進入黑鐵時代後，人類就墮落了。性格殘忍、滿口謊言又好戰，到頭來連阿斯特賴亞女神也放棄了人類，回歸天際變成星座。

1825年出版的「Urania's Mirror」中描繪的 天蠍座

✳ 天蠍座的故事

螫死俄里翁的毒蠍子

　　俄里翁（獵戶座，參照p116）是海神波賽頓的兒子。他是神話故事中相當受歡迎的角色，流傳著好幾種不同版本的傳說。

　　俄里翁外貌俊美，身形高大有如巨人，而且還是位技巧高超的獵人。有一回他和朋友們喝酒喝得酩酊大醉，俄里翁受到眾人吹捧，心情非常愉悅，就在無意中自誇道：「天下沒有一個獵人能和我

大地女神蓋亞（安瑟爾姆・費爾巴哈繪）

一樣厲害，不管鹿飛奔的速度再怎麼快，在我看來都像烏龜一樣慢。嗯？熊和獅子很可怕？沒那回事，對我來說簡直像嬰兒一樣！」

　　聽到這段說詞的眾神對妄自尊大的俄里翁感到憤怒，特別是大地女神蓋亞。「他每天捕獲的獵物都是我給予的恩賜，結果他竟然不知感恩，還如此傲慢！」憤怒的她便喚來一隻蠍子，命令牠：「去螫死俄里翁！」

　　蠍子悄悄靠近俄里翁，用有劇毒的尾針螫刺他。勇猛如俄里翁也無法抵擋蠍毒，轟然倒地之後便斷了氣。

　　毒蠍子則因為這項事蹟而變成了星座。雖然俄里翁也被化作星座，但當天蠍座升空之時，獵戶座便會隱沒於地平線下；要是天空中還看得到天蠍座的身影，那麼獵戶座就不會升上天幕，據說就是因為有這段過往的緣故。

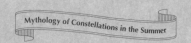
Aquila / Aql

面積 652 平方度　21 時位於頂點　8 月下旬

擄走美少年伽倪墨得斯的老鷹姿態
天鷹座

Delphinus / Del

面積 189 平方度　21 時位於頂點　9 月中旬

位於天鷹座東邊的小型星座
海豚座

波德星圖中描繪的 天鷹座、海豚座

　　天鷹座是古巴比倫時代就已經為人知曉的古老星座之一，當時勾勒的是神抱著老鷹的姿態，是托勒密 48 星座之一。一等星河鼓二是夏季夜空中光芒第二亮的，也是日本自古以來便十分熟悉的「彥星」、「牛郎星」。

　　海豚座是腓尼基人創造的星座，也是托勒密 48 星座之一。位於天鷹座以東，面積雖然很小卻十分醒目。

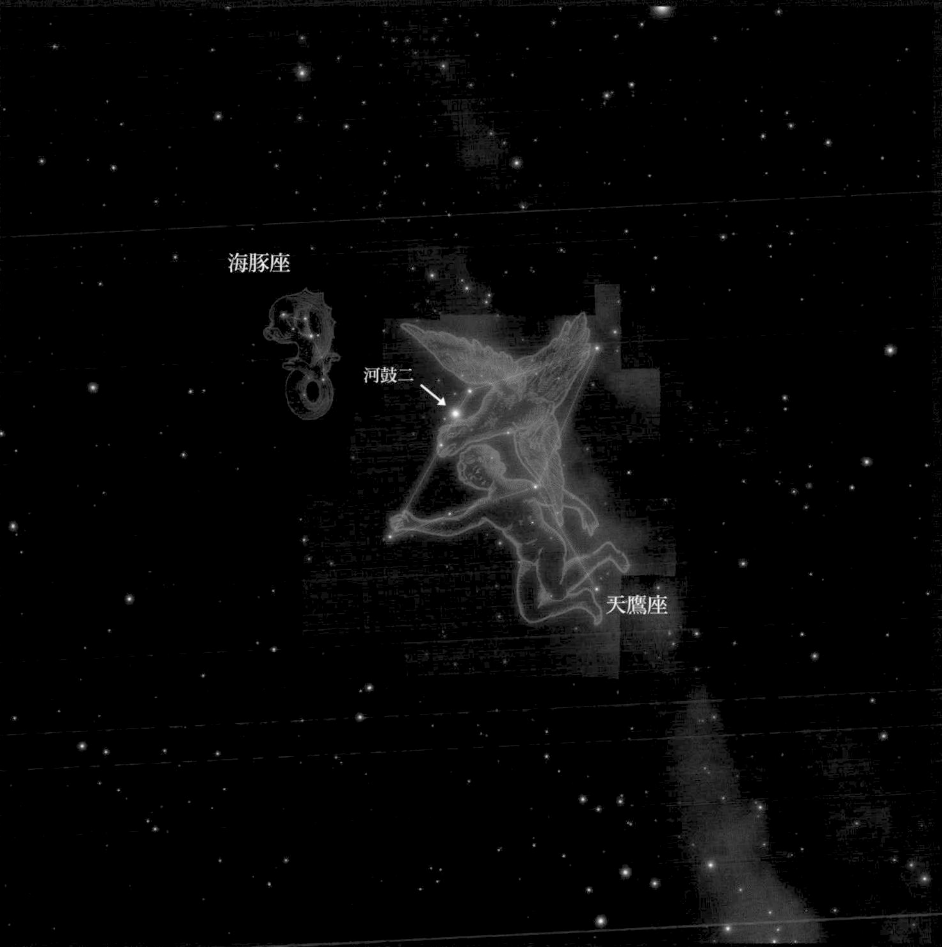

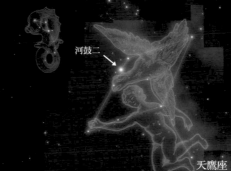

海豚座

河鼓二

天鷹座

✿ 尋找天鷹座／海豚座的方法

　　夏季的傍晚時分，在高遠天空中閃耀的「夏季大三角」裡，第二亮的星星就是天鷹座的河鼓二。兩顆小星星將河鼓二夾在中間，幾乎連成一直線排列的模樣，即是天鷹座的特徵。

　　而在天鷹座東邊不遠的地方，有個由星星構成的小小菱形，那便是海豚座。雖然小巧，但整齊的形狀令它十分醒目。

與此星座圖同方向的時期
（天鷹座在正中央）
- ★ 5月下旬 ⋯⋯⋯⋯⋯⋯ 3點
- ★ 6月下旬 ⋯⋯⋯⋯⋯⋯ 1點
- ★ 7月下旬 ⋯⋯⋯⋯⋯⋯ 23點
- ★ 8月下旬 ⋯⋯⋯⋯⋯⋯ 21點

七夕物語

中國諸神的皇帝——天帝的獨生女叫作織女。織女日復一日織著布疋，供各神明做成衣服和妝點住家的布料。天帝看著從早到晚忙於工作的女兒，心想應該要找個女婿回來才是。獲得天帝認可的對象就是牛郎。牛郎也是非常努力工作的人，他在銀河岸邊養牛，整天都在照顧牛隻。

然而，這兩個人卻在相遇的那一瞬間便陷入熱戀，把工作忘得一乾二淨，變得每天只顧玩樂。「工作多少還是要做！」看不過去的天帝開口提醒他們，雖然也得到了回覆「是，從明天開始就會好好工作」，可是到了

紡織的織女

餵養牛隻的牛郎

隔天、再隔天仍然看不出他們有心工作。在這段時間裡，眾神的衣服變得破爛不堪，牛群也病得快死了，憤怒的天帝就將兩人分別帶往銀河的西邊與東邊。

見不到牛郎的織女終日以淚洗面，就連天帝也覺得有些可憐，於是便說：「如果能夠努力工作的話，我允許你們一年見一次面。」兩人重新打起精神，再次努力投入工作。而後到了七月七日，從某處飛來一大群鳥，在銀河之上架起橋樑，讓兩人得以相見。

天鷹座的一等星河鼓二就是這顆牛郎星，而天琴座的一等星織女一則是織女星。

另外，據說天鷹座在希臘神話裡還象徵著眾神之王宙斯劫掠特洛伊王子伽倪墨得斯前往諸神宮殿（參照p81）時的化身。

幫助阿里翁的海豚

科林斯的宮廷樂師阿里翁是海神波賽頓的兒子，也是豎琴名家。有一次他受國王之命，前往參加西西里島舉辦的音樂競賽，並且贏過在場的所有音樂家，漂亮地取得優勝，獲得成堆的金銀財寶作為獎品。

阿里翁乘船準備光榮回歸科林斯，然而當船隻從西西里島揚帆出航之際，被阿里翁的金銀財寶鬼迷心竅的水手們，將他捆起來打算丟入海中。光靠阿里翁一個人根本沒辦法解開繩索，已有覺悟的阿里翁於是懇求船員們讓他在死前彈奏一首豎琴曲。阿里翁站在船頭處，全心投入地演奏人生最後一首歌，然後在歌曲結束的瞬間自己跳入海裡。

可是，不知從何時開始，船周圍群聚著被阿里翁的音樂吸引而來的眾多海豚。海豚救起阿里翁，並將他平安無事地送到科林斯的港口。

至於那些卑劣的船員們，才回到科林斯就被國王下令逮捕。據說海豚憑藉著拯救阿里翁性命的功績，被音樂之神阿波羅化成了星座。

被海豚拯救的阿里翁（法蘭索瓦・布雪繪）

※ 海豚座的故事
波賽頓的
戀愛使者

海神波賽頓戀上美麗的海之寧芙安菲特里忒，向她求婚卻被斷然回絕。安菲特里忒還因為討厭糾纏不清的波賽頓，而逃往阿特拉斯山脈藏匿。

即使如此，不願放棄的波賽頓仍舊屢次派遣使者到她的身邊，但一直沒有任何人能帶回好消息。這時候，有一隻海豚站出來說「我來當使者吧」，海神波賽頓便高興地將海豚送了過去。

海豚前往安菲特里忒的所在地，

以巧妙的話語陳述波賽頓的真心，打動了安菲特里忒，並讓她答應與波賽頓結婚。

在和安菲特里忒舉行婚禮的當天，波賽頓懷著感謝之情將海豚變成了星座，據說這就是海豚座。

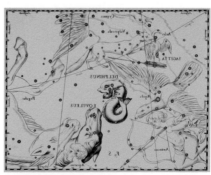

赫維留斯星圖中描繪的 海豚座

Sagittarius / Sgr

◆

面積867平方度 21時位於頂點 8月中旬

位於銀河最明亮處的星座

人馬座

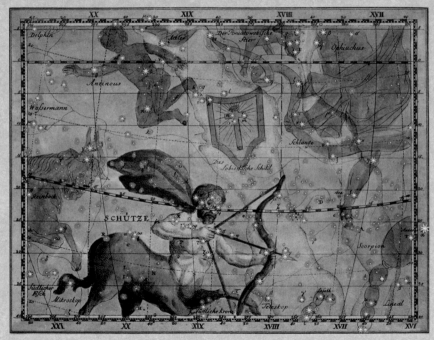

波德星圖中描繪的 人馬座

　　夏天是一年當中銀河最美麗的時期，而夏季銀河裡最明亮廣闊的地方，就在人馬座附近。因為我們所處的銀河系是擁有兩千億顆星星的大集團，其中心位置便是處於此人馬座的方向。

　　它和天蠍座一樣，是遠古時期就存在的星座之一，在亞述的雕刻裡還被形塑成生有蠍子軀體的人類正在拉弓射箭的模樣。它是托勒密48星座之一，也是黃道12星座的其中一個。

南斗六星

與此星座圖同方向的時期
- ★ 5月中旬 ················ 3點
- ★ 6月中旬 ················ 1點
- ★ 7月中旬 ················ 23點
- ★ 8月中旬 ················ 21點

✴ 尋找人馬座的方法

在天蠍座東方有六顆星星構成小杓子形狀，那就是人馬座的標誌，稱作「南斗六星」，相對於北方的北斗七星。人馬座呈現半人半馬的凱隆拉弓搭箭的姿態，而且箭矢尖端還瞄準蠍子的心臟，傳說這是在監視天蠍，防止牠在夜空中胡作非為。

半人半馬的
怪人凱隆

很久以前曾經存在著腰部以下是馬身的怪人們，他們被稱為半人馬族，是一個非常兇暴殘忍的野蠻種族。

不過在他們之中，只有凱隆稍微與眾不同。他是天神宙斯之父——時間之神克羅諾斯與寧芙菲呂拉所生的孩子。當克羅諾斯前去與菲呂拉相會的時候，為了瞞過他的妃子瑞亞女神，曾經化身為馬，所以凱隆就以上半身是人類、下半身為馬的姿態誕生了。

凱隆相當聰明，並得到阿波羅、阿蒂蜜絲兄妹倆的愛護。阿波羅神賜予他音樂、醫術、預言的能力，阿蒂蜜絲女神則傳授他狩獵的技巧。

不久以後，凱隆住進皮立翁山的洞穴，一一教育年輕英雄們。將戰鬥技巧傳授給擁有怪力的海克力斯、培養阿波羅神的孩子阿斯克勒庇厄斯成為名醫的正是凱隆。

之後，凱隆搬到馬里阿半島居住，但某一天，突然有三名半人馬族逃到他家門前，且追趕他們的居然是英雄海克力斯。

其實這是因為海克力斯到半人馬族的朋友福洛斯家拜訪的時候，發現了一瓶看似很美味的酒，非常喜歡喝酒的海克力斯於是立刻向福洛斯討

布立特星圖中描繪的 人馬座

酒。

福洛斯拒絕了。「不行啦海克力斯，現在打開酒瓶的話，會有很多半人馬跑進來一起喝喔。」可是他不肯讓步，「放心吧，我會把他們全部趕走。」無計可施之下，只好將酒打開來喝，結果就像福洛斯擔心的一樣，整個半人馬族都群聚過來，吵著「我們也要喝酒」。「吵死了！」喝了酒、壯了膽的海克力斯拿起弓箭，衝入吵鬧的半人馬族之中，然後一個接一個開始射殺半人馬們。他們四散逃跑，接著，海克力斯追著其中三名半人馬來到了馬里阿半島。

一看到半人馬們逃入屋子裡，海克力斯想都沒想就搭弓拉弦，將箭射了進去。箭支穿透大門，貫穿其中一名半人馬的手臂，最後射進屋主凱隆的膝蓋。

衝入屋內的海克力斯，看到這副景象後臉色大變。

「老師——!!」

海克力斯的箭上塗有許德拉的劇毒（長蛇座，參照p40），不管怪物有多麼凶猛，只要箭支擦過就會死去。凱隆身上的毒沒多久就發作了，開始痛苦掙扎。可是凱隆身為神祇之子，擁有不死之身，即使痛苦難當仍舊死不了。

見凱隆如此痛苦，海克力斯只得向眾神之王宙斯祈禱，請求解除凱隆的不死之身。凱隆終於得以從痛苦中解脫，安詳地前往死者之國。然而天神宙斯卻對凱隆之死感到萬分惋惜，便將凱隆的身影升天變成星座，這就是人馬座的由來。

義大利法爾內塞宮壁畫中描繪的 人馬座

智慧女神彌涅耳瓦（羅馬神話）與半人馬（桑德羅・波提切利繪）

夏季時，從南方地平線延伸出來的銀
河。右下有天蠍座橫亙，銀河最明亮且
寬廣的部分則有閃閃發亮的人馬座。照
片左上的亮星即是天鷹座的河鼓二。

秋季
星座神話

秋季星座散布在飛馬座的附近。
當中有許多故事都是依據衣索比亞王室的
壯闊史詩創作而成，讓我們共同尋找一個
又一個在故事中登場的星座吧。

御夫座

英仙座

仙后座

M31 仙女座大銀河

三角座

畢宿五

昴宿

仙女座

金牛座

白羊座

壁宿二

秋季大四邊

雙魚座

鯨魚座

芻藁增二

土司空

東

波江座

天爐座

玉夫座

鳳凰座

✳ 秋天的星座

　　雖然秋天星空只有一顆一等星，與熱鬧的夏季星空相比顯得有些寂寥，不過此季閃耀的星座大多都與衣索比亞王室相關，展現浪漫壯闊的故事繪卷。

　　在亮星較少的秋季星空中，由高空中四顆星星所構成的巨大四邊形十分醒目，這就是「秋季大四邊形」，或者可以稱為「飛馬座大四邊形」，是飛馬座的記號，而且這個四邊形還可當

作秋天星空的嚮導。

　　四邊形左上方的星星是仙女座的星，以這裡為頂點勾勒出倒A形狀的地方就是仙女座。而在仙女座腳下，有星星排列成「人」字形的英仙座。

　　在大四邊形右下的星星下面，有星星排列成小小的三箭形狀，那就是寶瓶座的記號。而大四邊形的東邊與南邊幾顆小星星連接起來的地

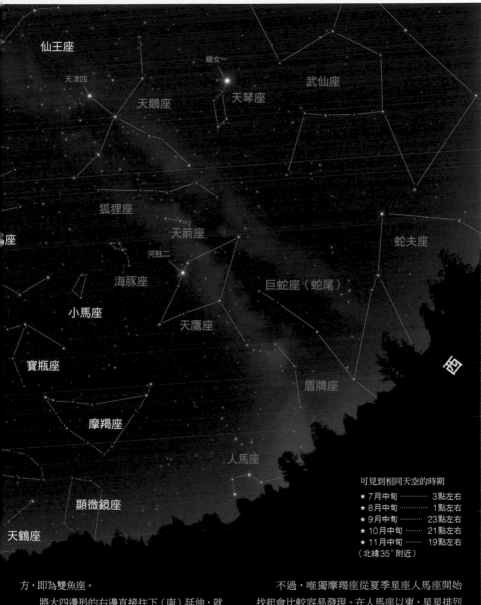

仙王座

織女一

天津四

武仙座

天鵝座

天琴座

座

狐狸座

蛇夫座

天箭座

河鼓二

海豚座

巨蛇座（蛇尾）

小馬座

天鷹座

寶瓶座

盾牌座

圖

摩羯座

人馬座

顯微鏡座

天鶴座

可見到相同天空的時期
★ 7月中旬 ………… 3點左右
★ 8月中旬 ………… 1點左右
★ 9月中旬 ………… 23點左右
★ 10月中旬 ……… 21點左右
★ 11月中旬 ……… 19點左右
（北緯35˚附近）

方，即為雙魚座。

　　將大四邊形的右邊直接往下（南）延伸，就
會碰到秋季夜空中唯一的一等星北落師門，這是
南魚座的標誌。左邊一直往下（南）延伸則會碰
上一顆二等星，那是在鯨魚座尾巴處發光的土司
空。相反地，從左邊往上（北）延伸過去，則會
通過星星排列成W形的仙后座，並穿越呈現細
長五角形的仙王座頂角、抵達北極星。

　　不過，唯獨摩羯座從夏季星座人馬座開始
找起會比較容易發現。在人馬座以東，星星排列
成大倒三角形的位置就是摩羯座。

Capricornus / Cap

面積 414平方度　21點位於頂點　9月下旬

山羊與魚合為一體的模樣
摩羯座

Aquarius / Aqr

面積 980平方度　21點位於頂點　10月中旬

手持水瓶的美少年
寶瓶座

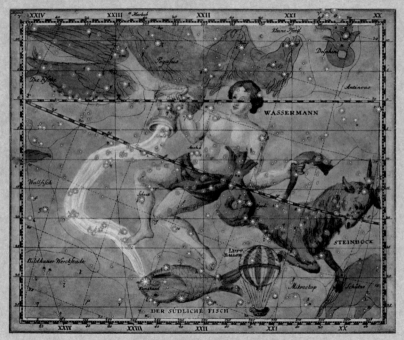

波德星圖中描繪的 寶瓶座、摩羯座

　　寶瓶座是蘇美爾時代創設的最古老星座之一。在寶瓶座周圍，分布著摩羯座、雙魚座、南魚座、鯨魚座等和水有關的星座。據推測是因為當初太陽經過這一段的時候，美索不達米亞正處於雨季的關係。它是托勒密48星座之一，也是黃道12星座的其中一個。

　　摩羯座也是蘇美爾時代創造的古星座之一，同樣屬於托勒密48星座，也是黃道12星座的其中一個。

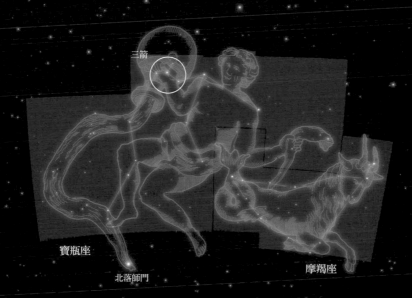

三箭

寶瓶座

北落師門

摩羯座

✺ 尋找寶瓶座／摩羯座的方法

　　人馬座明亮的銀河以東，一些小星連成較大倒三角形的地方，就是摩羯座的所在地。然後再往東看去，應該會看到由四顆星星構成的小小三箭標形狀，這就是寶瓶座的標誌。寶瓶座是手持水瓶的男子姿態，可以從三箭開始將一些星星連接起來，抵達南方天空兀自發光的一等星北落師門（南魚座）。

與此星座圖同方向的時期
（寶瓶座在正中央）

★ 7月中旬 ⋯⋯⋯⋯⋯⋯ 3點
★ 8月中旬 ⋯⋯⋯⋯⋯⋯ 1點
★ 9月中旬 ⋯⋯⋯⋯⋯⋯ 23點
★ 10月中旬 ⋯⋯⋯⋯⋯⋯ 21點

山野之神
潘恩

　　山野之神兼牧羊人守護神潘恩是傳信之神赫密斯的兒子。他的上半身是人類，下半身為山羊模樣，頭上長著山羊的犄角，臉上鬍鬚密布，外表令人感到害怕。不過他性格開朗，喜歡跳舞的他總是與森林寧芙們玩在一起。

　　這位牧神潘恩愛上了拉頓河神之女西瑞克斯。有一次，潘恩偶然在原野上看到了他愛慕的對象，於是便想靠近對方表達自己的傾慕之意。但是西瑞克斯看到外貌可怖的怪人向自己走來，因感到畏懼便轉身逃走。越過田野、山峰，她一直逃一直逃，可是潘恩依然緊追在後。終於，她被追趕到拉頓河的河邊。

　　「父親，救我！」

　　西瑞克斯高聲尖叫著，然後身形就像幻影一般消失了，而她剛才站立的地方則有一叢少見的蘆葦迎風搖

西瑞克斯和牧神潘恩（讓・法蘭索瓦・德・特洛伊繪）

曳。拉頓河神將西瑞克斯變成了蘆葦。

　　潘恩將蘆葦折下做成笛子，當作對西瑞克斯的念想。據說他隨時帶在身上，片刻不離，每當想起她的時候就會吹奏笛子。

　　有一天，潘恩前往參加尼羅河畔舉辦的眾神宴會（雙魚座，參照p88）。潘恩當然也吹起西瑞克斯之笛以娛樂諸神。這時怪物堤豐突然出現作亂。眾神爭先恐後地逃走，潘恩也跳進尼羅河，打算變身成魚形脫逃，可是卻因為太過慌張，變成了只有下半身是魚，上半身是山羊的奇妙姿態。諸神覺得那姿態實在相當有趣，於是為了紀念此事，將這個化身加入星座裡，名字就叫作摩羯座。

天神宙斯的奶娘
阿瑪爾忒婭

　　也有人說摩羯座是眾神之王宙斯的奶娘——山羊寧芙阿瑪爾忒婭化成的。時間之神克羅諾斯收到預言，指出他將會被自己的孩子所殺，他便把生下的孩子一個個吞入腹中。傷心的天妃瑞亞女神則在生下么兒宙斯之後，將裹著襁褓假裝成嬰兒的石塊交給克羅諾斯，然後把宙斯託付給阿瑪爾忒婭撫養。據說等到宙斯神長大，

能夠支配全世界的時候，他就懷著感謝之意，將阿瑪爾忒婭的模樣放到閃爍群星之中。

美貌的
特洛伊王子
伽倪墨得斯

　　眾神所在的奧林帕斯神殿裡，天神宙斯與天妃希拉之女──青春女神赫柏負責的工作，是在用餐時分派神食仙饌密酒，並為諸神酒杯中傾注神酒甘露。不過因為赫柏女神成了宙斯之子海克力斯的妻子後，就得辭去這份職務，宙斯為了到底要任命誰來代

替而頭疼不已。因為赫柏女神全身上下宛如散發著光芒一般，總是美麗耀眼，能讓眾神更加愉悅地享受美味的食物。

　　然而有一天，當宙斯從天上眺望下界時，正好看到特洛伊王子伽倪墨得斯追趕羊群的樣子。一眼看中他的宙斯就變身成老鷹，將伽倪墨得斯擄到奧林帕斯。

　　抵達宮殿後，宙斯變回原形並告訴他：「不用害怕，我是眾神之王宙斯。從今天開始，你就在這裡負責為諸神的酒杯斟倒神酒甘露吧。作為斟酒的代價，我將賜你永遠的青春貌美。」

　　伽倪墨得斯受寵若驚，覺得十分光榮，但又憂心一旦自己消失，雙親會多麼悲傷難過。

　　宙斯了解這件事之後，就讓傳信之神赫密斯前往特洛伊國王夫妻所在之地，告知他們事情的來龍去脈，還賜下大量的寶物。然後，為了緩解失去愛子的悲傷，便將伽倪墨得斯升為星座，成了寶瓶座。

伽倪墨得斯被變身成老鷹的宙斯擄到奧林帕斯（安東尼奧・阿萊格里・達・科雷吉歐繪）

赫維留斯星圖中描繪的 寶瓶座

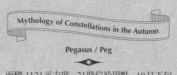
秋季星座的嚮導

飛馬座

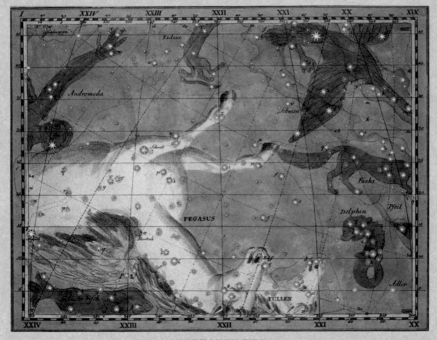

波德星圖中描繪的 飛馬座

　　自蘇美爾時代就被視為「天馬」，是年代十分古老的星座，為托勒密48星座之一。

　　構成飛馬軀幹的四顆星星（位在東北的星星是隔壁仙女座的星）並不特別明亮，但由於周遭星星較少，所以較醒目。而由四顆星勾勒出來的四邊形，即稱作「飛馬座大四邊形」或「秋季大四邊形」，是秋季夜空的象徵。

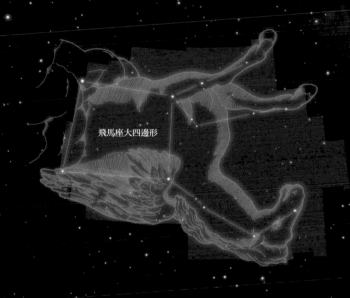

飛馬座大四邊形

✳ 尋找飛馬座的方法

　　在秋天的傍晚時分，東方天空高掛的四顆星形成巨大的四邊形，這就是名叫「飛馬座大四邊形」的飛馬座標誌。由四顆星組成天馬珀伽索斯的身體，勾畫出天馬珀伽索斯顛倒上半身的形貌。

幫助柏勒洛豐王子的天馬

科林斯王子柏勒洛豐是個威風凜凜的年輕人，他對所有運動都很拿手，也倍受稱頌和愛戴，可卻在一次失誤下錯手殺死了弟弟，於是他被身為國王的父親逐出國門，來到梯林斯王麾下效命。

這樣的柏勒洛豐讓梯林斯王的妃子芳心暗許，隨即在某一天向他傾吐愛意。但是，心靈純真的年輕人嚴厲地斥責了王妃的邪念，大大損害王妃的自尊心。當晚，王妃就對國王謊稱柏勒洛豐對自己產生愛慕之情，還想採取強迫手段，因此希望王能夠解決這件事情。國王十分生氣，但他並沒有辦法親手殺死那位接受自己請託而來到此地的年輕人，幾經煩惱之後，便決定採取下面的行動。

國王讓柏勒洛豐帶著信件送往遙遠的里西亞王國，然而那封信中卻寫著「請立刻處死帶來這封信的人」。

由於是遠方梯林斯王派來的使者，柏勒洛豐受到里西亞王十分熱情的招待。等到里西亞王打開他帶來的信時，臉色卻變得很難看。雖然信裡要他殺掉帶來信件的使者，但是殺死

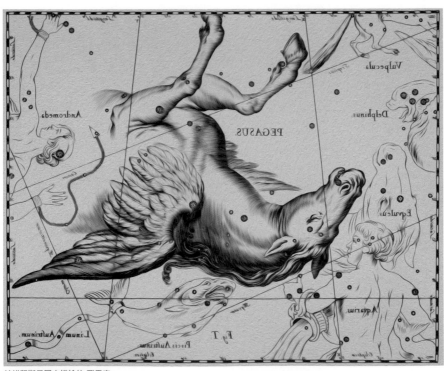

赫維留斯星圖中描繪的 飛馬座

一個剛剛共進晚餐的客人，肯定是天神宙斯最厭惡的作為。要是真的做了那種事，不知道事後會降下什麼樣的懲罰。這時王想到了一個好點子。他正好因為怪物奇美拉在國內大肆破壞而感到困擾，於是便請求柏勒洛豐：「能不能幫忙消滅奇美拉？」

「這年輕人不可能拚得過怪獸。若是被怪物殺掉，就能完成梯林斯王的委託了。」國王這麼想。

面對對他照顧有加的里西亞王，柏勒洛豐無法拒絕他提出的請託，雖然硬著頭皮答應下來，但卻不曉得應該怎麼做才好。正束手無策的時候，他在女神雅典娜的神殿裡陷入熟睡。沒想到女神居然在夢境中現身，告訴他「可以乘坐天馬珀伽索斯前往消滅奇美拉」。

早上的時候，柏勒洛豐清醒過來，手裡還緊緊抓著夢中女神賜下的黃金轡轡。珀伽索斯是生有羽翼、可飛翔於天空的天馬。他遵照女神的旨意守在佩瑞涅泉旁，等到深夜，珀伽索斯出現在泉水邊想要喝水時，他便動作迅速地套上黃金轡轡。一套上去，珀伽索斯就變得很聽話，完全服

從美杜莎血液中誕生的珀伽索斯

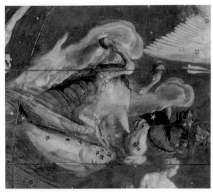

義大利法爾內塞宮壁畫中描繪的 飛馬座

從柏勒洛豐的指令。柏勒洛豐於是跨上珀伽索斯，飛往奇美拉所在之處。

傳說中，奇美拉是一隻獅頭羊身蛇尾的怪物。牠一看到柏勒洛豐的身影便立刻發動攻勢，從口中噴出火焰。但是乘坐著天馬又有雅典娜女神守護的柏勒洛豐，忽左忽右地閃過奇美拉的攻擊，並且連續射出箭矢，終於在射出第十支箭時消滅了奇美拉。

聽到這個消息，里西亞王非常高興，就將獨生女許配給柏勒洛豐，還將王位傳給了他。此後，柏勒洛豐與珀伽索斯一同經歷許許多多的冒險，他的名聲日益高漲，可是卻也連帶使得柏勒洛豐漸漸失去對神祇的敬畏。然後有一天，他乘坐珀伽索斯試圖前往眾神之國奧林帕斯。天神宙斯憤怒地放出一隻牛虻，牛虻刺痛了珀伽索斯的耳朵，令牠無法忍受。因疼痛而狂暴化的珀伽索斯將柏勒洛豐甩落在地，然後撞入天際變成了星座，這就是飛馬座的由來。

Pisces / Psc

◆

面積 889平方度　21時位於頂點　11月中旬

現在位於春分點的星座
雙魚座

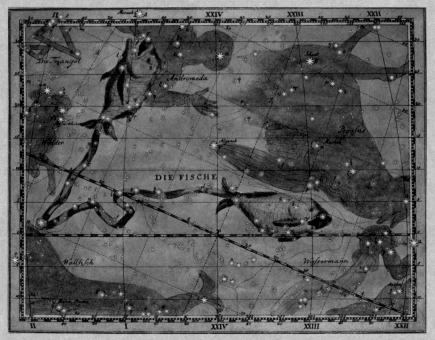

波德星圖中描繪的 雙魚座

　　於蘇美爾時代誕生，是最為古老的星座之一。在巴比倫、亞述時代裡，那代表著將人魚和擁有魚尾的燕鳥以細繩綁在一起的模樣，是托勒密48星座之一，也是黃道12星座的其中一個。

　　就像地球上表示位置會使用經度、緯度一樣，要標示星星位置的時候，則會使用赤經、赤緯，而原點（赤經0度、赤緯0度）的春分點現在就落在這個星座裡，春分日（3月21日前後）太陽會在雙魚座發光。

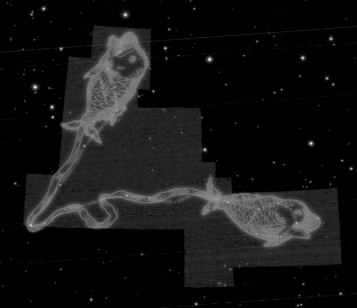

← 仙女座大銀河

✷ 尋找雙魚座的方法

　　此星座全是由較暗的星組成，看起來不太顯眼。

　　星星沿著飛馬座大四邊形的東邊與南邊連接成的巨大
「く」字形就是雙魚座，形成用緞帶將尾巴綁在一起的兩條
魚。

與此星座圖同方向的時期

★ 8月中旬 ·············· 3點
★ 9月中旬 ·············· 1點
★ 10月中旬 ·············· 23點
★ 11月中旬 ·············· 21點

用緞帶綁在一起
愛之女神與兒子

　　有一天，因為天氣實在太好了，眾神便走出奧林帕斯山上的宮殿，到尼羅河畔舉行宴會。太陽兼音樂之神阿波羅奏起豎琴，音樂女神謬斯跳起舞蹈，宴會盛大展開。

　　但就在此時，突然吹起一股溫熱的風，並響起巨大的咆哮聲，怪物堤豐出現在諸神眼前。堤豐是宙斯的祖母——大地女神蓋亞所生的最強怪物。因為天神宙斯多次砍殺她可愛的

孩子們，所以蓋亞女神十分憤怒，為了達到對宙斯復仇的目的而產下堤豐。堤豐身形極高，甚至可抵天際，巨大的羽翼能夠遮蔽太陽的光芒，雙腳為大蛇，寬闊的肩膀上長了一百隻蛇以及擁有醜陋臉孔的頭，銳利駭人的眼睛可噴出烈火，口中吐出熊熊燃燒的岩石，叫聲撼動天地，呼吸帶有令人無法抵擋的惡臭。

　　面對如此恐怖的怪物，諸神爭先恐後地逃走。天神宙斯變成大鳥飛到空中，希拉女神化為母牛逃出。阿波羅變為烏鴉，戴奧尼索斯成了山羊，阿蒂蜜絲女神是貓，阿瑞斯則變成山豬。愛與美的女神阿芙羅狄忒與

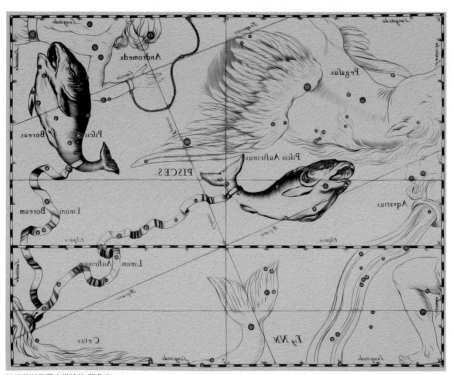

赫維留斯星圖中描繪的 雙魚座

她的兒子厄洛斯變身成魚，跳入河裡逃走，而且還為防止失散，用緞帶牢牢地綁著身體。事後回想起來覺得十分有趣的宙斯，便把那副模樣化成星座，據說這就是雙魚座的由來。

回到正題，雖然宙斯逃了出來，但轉頭一看，站在怪物面前作戰的，居然是女兒智慧女神雅典娜。讓女兒殿後可不行，宙斯重新考慮過後，即刻手持天雷勇敢面對兇猛的怪物。宙斯的天雷與堤豐噴吐的烈焰將周圍燃燒成一片焦土，激烈的戰鬥震盪大地，海洋掀起巨大的浪潮。宙斯運起全身之力，將雷鳴、閃電與帶著熊熊烈火的天雷朝堤豐丟了過去。

宙斯兇猛的攻勢就連堤豐也感到畏懼，所以牠立刻轉身逃跑，宙斯則追趕在後。逃到色雷斯的哈伊莫司山時，堤豐轉過身，將整座山脈扛起來丟向宙斯，但宙斯立刻投出天雷，於是群山朝著堤豐那一頭彈了回去，受到山脈撞擊的堤豐因此身受重傷。

西元前540～530年前後，希臘產的陶壺上繪製的怪物堤豐

即使受了重傷，堤豐仍然繼續逃跑，跑到南方西西里島的時候，宙斯扛起巨大的山峰投向虛弱的堤豐，把牠封印在大山底下，成了西西里島的埃特納火山。而埃特納火山之所以不時噴火，據說正是堤豐在山底作亂所產生的現象。

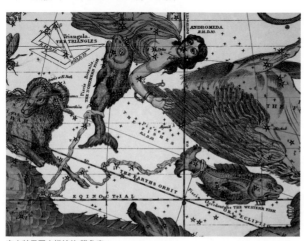
布立特星圖中描繪的 雙魚座

Andromeda / And

面積 722平方度　21時位於頂點　11月下旬

被鐵鍊鎖縛的公主
仙女座

Perseus / Per

面積 615平方度　21時位於頂點　12月下旬

左手提著美杜莎的頭
英仙座

波德星圖中描繪的 仙女座、英仙座

　　仙女座是誕生自腓尼基的星座，為托勒密48星座之一，據說它是希臘神話的衣索比亞王室故事裡，女主角安朵美達公主所呈現的形象。

　　英仙座也是一個擁有古老起源的星座，被看作是古巴比倫帝國時代巴比倫市的守護神兼至高神馬爾杜克，為托勒密48星座之一，左手提的魔女美杜莎頭顱以前是一個獨立的星座。

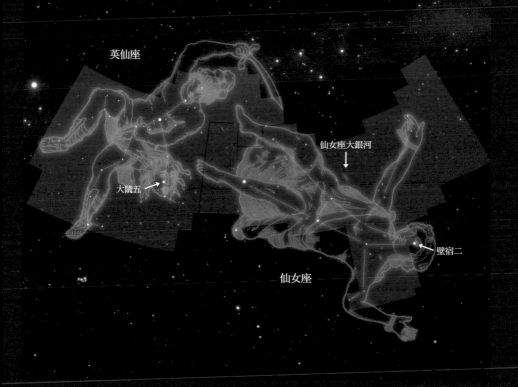

英仙座

仙女座大銀河

大陵五

璧宿二

仙女座

與此星座圖同方向的時期
（仙女座在正中央）
★ 8月下旬 ·············· 3點
★ 9月下旬 ·············· 1點
★ 10月下旬 ·············· 23點
★ 11月下旬 ·············· 21點

✱ 尋找仙女座／英仙座的方法

　　在組成飛馬座大四邊形的四顆星當中，東北方的那一顆就是隸屬於仙女座的星星。以這裡作為A字母的頂點排列出來的形狀即構成仙女座，相當於腰部的位置可以看見著名的仙女座大銀河散發著朦朧光輝。

　　而在這位仙女腳下，星星排列成「人」字形的地方就是英仙座。

勇者
珀耳修斯

阿爾戈斯之王阿克里西俄斯某次收到神諭「你將會被你的孫子殺死」。然而國王膝下只有一個未婚的美麗獨生女達那厄，驚慌恐懼的國王就將女兒關了起來，杜絕她與任何男性四目相交的可能。

不過，天神宙斯愛上了遭禁錮的達那厄。宙斯化成一場黃金雨，傾瀉在達那厄身上，而後達那厄便產下了男嬰珀耳修斯。有一天，國王聽到關著女兒的房間傳來嬰兒哭聲，感到可疑的王打開房門查看，竟看到女兒抱著一個嬰兒。國王驚愕之下想要殺死孫子，但終究於心不忍無法下手，遂將兩人鎖入木箱，扔進大海隨波逐流。

箱子漂到塞里福斯島，母子二人得到漁夫的幫助，並在他溫暖的庇護之下過著貧窮卻安穩的日子。

可是等到珀耳修斯成年，撫養他的漁夫也過世之後，身為漁夫之弟，同時也是島之國王的波呂得克忒斯便起了歹念，想要迎娶達那厄做自己的王妃，因此打算先把礙事的珀耳修斯弄死，於是邀請珀耳修斯參加自己的生日會。受到邀請的客人們陸續將豪華禮品獻給國王，最後輪到珀耳修斯。眾人皆嘲笑貧寒的珀耳修斯，直來直往的年輕人滿臉通紅地說：「我的確沒有辦法帶來黃金或寶石，但如果國王有任何想要的東西，我都能奉上。」

國王正等著這段話，隨即開口下令：「既然如此，那就為我帶回美杜莎的首級吧。」

「王啊，珀耳修斯不可能做到的。美杜莎的每一根頭髮都是一條蛇，而且據傳那張臉非常恐怖，是個只要看一眼就會變成石頭的怪物啊。若是希臘第一勇士也就罷了，至於這珀耳修斯……」

王的心腹立刻煽動珀耳修斯的自尊心。

「我明白了。請靜候佳音，我珀耳修斯一定會為王取回美杜莎的首級！」

珀耳修斯雖然憑著一股衝勁誇下海口，但他的能力根本不足以消滅美杜莎。正煩惱的時候，父親宙斯派遣智慧

1825年出版的「Urania's Mirror」中描繪的 英仙座

女神雅典娜以及傳信之神赫密斯前來援助。雅典娜女神說，不管發生什麼事都不可以直接看美杜莎，如果要看，就只能看她映在盾牌上的樣子，然後給了他一個磨得十分光亮、有如鏡子般的盾牌和一把劍。赫密斯則借了一雙只需跨出一步就能飛行好幾公里的涼鞋給他。兩位神祇還把裝美杜莎首級的袋子、戴上就能隱形的帽子借給珀耳修斯。珀耳修斯在雅典娜與赫密斯的陪伴下，朝著美杜莎居住的島嶼前進。

到了島上，很幸運的，美杜莎和她兩個姊姊正在午睡。環顧四周，到處可見被美杜莎的魔力變成石塊的

飛禽走獸與人類戰士。珀耳修斯瞬間感到畏懼，但他仍然鼓起勇氣向前邁進，用雅典娜之盾映照著美杜莎，小心翼翼地走過去。在美杜莎的蛇髮發現異狀、直起身子發出嘶嘶聲的那一剎那，珀耳修斯的劍斬下了美杜莎的腦袋。

雖然她的兩個姊姊也被驚醒，但因為珀耳修斯戴著赫密斯的帽子，所以她們根本看不見珀耳修斯的模樣。珀耳修斯撇下四處亂竄的兩姊妹，急忙將首級塞入袋子裡，並跨上從美杜莎血液中誕生的天馬珀伽索斯，飛上天際逃離島嶼。

※ 仙女座的故事
珀耳修斯與安朵美達

途中，珀耳修斯在衣索比亞的海岸拯救了安朵美達公主，這故事會在之後的鯨魚座（p96）中詳細介紹。

回到塞里福斯島的珀耳修斯，得知母親為了逃避國王的求婚，已經躲到神殿裡避難，便衝入王宮之中。王宮裡，認定珀耳修斯已死的國王與周遭獻媚的人們正熱鬧地舉辦著宴會。珀耳修斯走到宴席中央，大聲叫道：「這就是你想要的美杜莎之首！」，將美杜莎的首級高高舉起。

為難珀耳修斯的國王一派全數化

成了石像。

珀耳修斯後來在拉里薩參加競技的時候，手頭一滑砸死了一名老人。其實那人正是隱瞞身分參觀競技比賽的祖父阿克里西俄斯王，很不幸的，神的預言成真了。

之後，珀耳修斯就和安朵美達公主結了婚，死後兩人被加入星座之中。

義大利法爾內塞宮壁畫中描繪的安朵美達公主與珀耳修斯王子

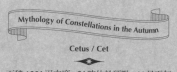
模樣有如恐龍與魚合體的怪物

鯨魚座

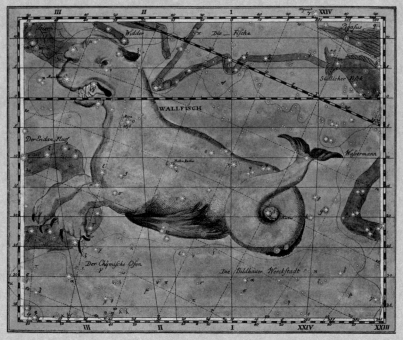

波德星圖中描繪的 鯨魚座

　　巴比倫時代稱為「守護神」的星座，流傳到希臘則變成了鯨魚座。不過這鯨魚座並不是我們一般認知的鯨魚，而是古希臘人想像出來的怪獸，叫作迪亞馬特，其名源自西元前2300年左右美索不達米亞地區的海之女神。

　　鯨魚座橫亙在仙女座之南，是秋季星座中面積最大的星座。

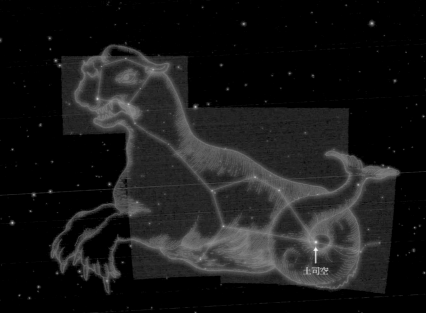

土司空

與此星座圖同方向的時期
★ 8月下旬 …………………… 3點
★ 9月下旬 …………………… 1點
★ 10月下旬 ……………… 23點
★ 11月下旬 ……………… 21點

❊ 尋找鯨魚座的方法

　　將構成飛馬座大四邊形東邊線條的兩顆星連起來，接著往南延伸，會碰上一顆獨自發光的二等星，那就是在鯨魚座尾端閃耀的星星土司空。鯨魚座是全天第四大星座，頭部就在金牛座西邊不遠的位置。

　　它象徵擁有血盆大口、尖爪利牙以及兩隻前腳的恐怖怪物，是單從鯨魚座這個名稱難以想像得到的姿態。

衣索比亞
王室大戲

這是很久以前，衣索比亞王國還在克甫斯王與卡西奧佩婭王妃統治下的故事。兩人育有獨生女安朵美達公主，安朵美達是位絕世美女，卡西奧佩婭王妃對此相當自豪，每天都會向侍女和朋友誇耀女兒的美貌。

有一天，如同往常一樣誇讚女兒的卡西奧佩婭，在不經意間脫口說出：「雖然海之寧芙自負美貌，但我的女兒可比她們更美。」

「可惡，居然說我們輸給人類！」

聽到這番話的海之寧芙十分憤怒，遂向海神波賽頓的妃子安菲特里忒報告。安菲特里忒原本就是海之寧芙的一份子，於是對丈夫波賽頓哭訴：「請您懲罰侮辱我們的人類吧。」

愛妻被人類鄙夷，波賽頓無法默不吭聲，隨即派出鯨魚怪迪亞馬特前往衣索比亞襲擊人類。

百思不解、十分煩惱的王只得試圖向神明打聽緣由。「你的妃子所說的話激怒了海神波賽頓。想平息神的怒氣，得把災厄的根源——你的女兒當作祭品獻給鯨魚怪。」

那就是神的回答。國王怎樣也做

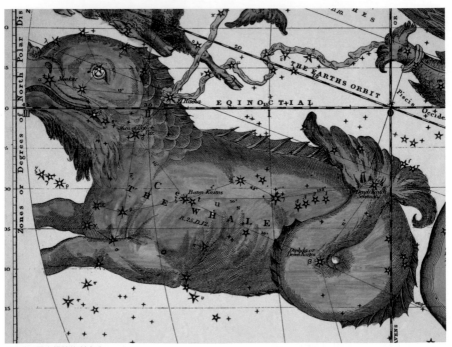

布立特星圖中描繪的 鯨魚座

不到，心中相當憂煩。「公主一個人的性命和我們衣索比亞所有國民的性命，到底哪個重要！」在所有國民的逼迫下，國王最終還是獻上了活祭品安朵美達公主，並用鍊子把她鎖在海岸邊的岩石上。

不久，海上湧起泡沫，鯨魚怪現出了身形。牠的身體像一座小島那麼大，兩隻前腳長著銳利的長爪，還裂著血盆大口。怪物以公主為目標直衝而來。

「完了！」

在岸邊觀看的所有人不忍卒睹，閉上眼睛的那一瞬間，一名年輕人阻擋在怪物面前。

年輕人的名字叫作珀耳修斯，是天神宙斯與阿爾戈斯公主達那厄之子。珀耳修斯消滅魔女美杜莎之後，在回程途中發現了被鎖縛的公主，於是出面救人。他乘著天馬珀伽索斯，閃過鯨魚怪的攻擊，並用寶劍劈斬鯨魚。珀耳修斯手裡拿的是女神雅典娜的寶劍，這把劍就連兇殘的鯨魚怪也

赫維留斯星圖中描繪的 鯨魚座。此為1687年製作的彩色版

無法抵抗。在怪物變得虛弱之際，珀耳修斯趁機取出美杜莎之首。美杜莎具有將所有見到她的事物變成石頭的魔力，鯨魚怪迪亞馬特變成了石塊，沉入深深的海底。

在珀耳修斯之父宙斯的仲裁下，海神波賽頓平復了怒氣。珀耳修斯和安朵美達公主結婚，成為衣索比亞之王。傳說兩人將衣索比亞王國治理得很好，過著幸福快樂的日子。

之後，克甫斯、卡西奧佩婭、珀耳修斯、安朵美達變成了星座。而在波賽頓的命令下襲擊安朵美達的鯨魚怪變成的星座，即是鯨魚座。

與鯨魚怪搏鬥的珀耳修斯（皮耶羅．迪．科西莫繪）

在占星發達的巴比倫時代，位居春分點的星座

白羊座

波德星圖中描繪的 白羊座

　　這是蘇美爾時代創造的星座。在巴比倫時代，它看起來像是一個手持麥穗的農夫，到了腓尼基時代，就變成和現在一樣的羊形了。它是托勒密48星座之一，也是黃道12星座的其中一個。

　　現在的春分點落在雙魚座內，但從占星發達的古巴比倫時代起，一直到西元前150年前後、希帕求斯定出黃道12宮的年代，位在春分點上的都是這個星座，因此倍受重視。

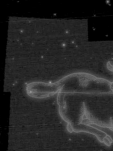

昴星

與此星座圖同方向的時期
★ 9月上旬 ………… 3點
★ 10月上旬 ………… 1點
★ 11月上旬 ………… 23點
★ 12月上旬 ………… 21點

✳ 尋找白羊座的方法

　　在仙女座以南，由三顆星連成左右相反的「ㄟ」字形就是白羊座的標誌。周圍少有亮星，因此比較醒目。從星的連結實在無法想像出羊的模樣，可以說是星空中最難聯想的星座之一。

科爾基斯的國寶
黃金羊的毛皮

色薩利國王阿塔瑪斯與王妃涅斐勒之間育有二子，但他卻又愛上底比斯公主伊諾，還把涅斐勒趕走，好迎娶伊諾為妃。一開始伊諾還算疼愛涅斐勒的孩子，可是等到自己也有孩子以後，開始覺得前任王妃之子非常礙事，便精心安排殺人計畫。

在麥田播種的前一晚，伊諾將所有種子都用火烤過一遍，想當然，這樣的麥子無法發芽。

「肯定是災厄的前兆。」

不知情的國王請占卜師測算吉凶，可是占卜師早就被伊諾收買了。

占卜師告訴國王：「眾神發怒了，得將前任王妃的孩子當作祭品，獻給天神宙斯。」

國王很是猶豫，但伊諾已經向國民宣布了這段諭示。國民不斷逼迫國王，最後國王不得不讓兩個孩子成為犧牲品。

得知此事的涅斐勒虔誠地向天神宙斯祈禱：

「神啊，請救救我的孩子們！」

宙斯憐憫她，應允了她的願望。在兩兄妹被帶上祭壇、神官將要殺死

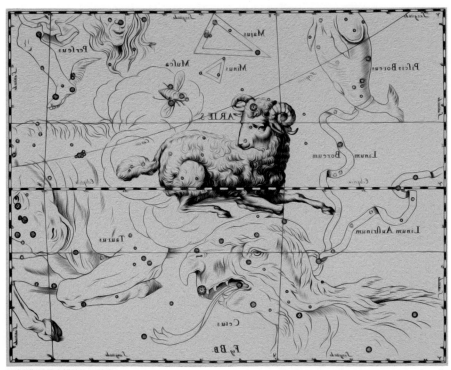

赫維留斯星圖中描繪的 白羊座

身為王子的佛里克索斯之際，一隻黃金羊突然飛出，馱起兩人，拋下驚愕的人群消失在天際。

羊像風一樣飛過天空，可是由於速度太快，妹妹赫勒在中途因暈眩落海死亡，不過佛里克索斯倒是平安抵達了科爾基斯王國，並與國王的女兒結婚，過完幸福的一生。佛里克索斯懷著對天神宙斯的感謝，將羊作為獻禮，讓牠回歸天神的身邊。據說因為這份功績，羊被加入星座裡頭，成為白羊座，而黃金羊的毛皮則進獻給科爾基斯王。

後來，佛里克索斯的堂兄弟為了求得這隻羊的毛皮，展開了他的冒險。

伊奧科斯的王子伊阿宋出生之後，立刻被送到半人馬族凱隆那兒教養。當他終於長大成人、回到母國之時，卻發現叔父珀利阿斯手握大權，儼然像是一國之王。「很好，你長大回來了，讓我看看你是不是真的變成了能夠獨當一面的勇士吧。據說遙遠的科爾基斯王國有一張黃金羊的毛皮，如果你能夠把那張羊皮帶回來，我就承認你夠格成為一位國王，這樣我也能夠安心退位。」珀利阿斯對年輕的伊阿宋如此慫恿道。

於是伊阿宋便立刻帶領在希臘召集的英雄們往科爾基斯前進。（阿爾戈號的故事，參照p131）

伊阿宋抵達了冒險的終點站——科爾基斯，他向國王說明緣由，請求對方出借黃金羊的毛皮。不過科爾基斯王並不願意，還提出不可能做到的難題，表示如果能辦到，才會將黃金羊的毛皮交給他。束手無策的伊阿宋獲得了美狄亞公主的協助。美狄亞通曉魔術，將父王提出的難題逐個破解。

在所有難題都解決的當晚，國王以慶祝伊阿宋取得黃金毛皮為由，召開了盛大的宴會，但實際上卻打算趁著伊阿宋一行人醉倒熟睡的時候，將他們一網打盡。美狄亞喚醒了伊阿宋等人，並將黃金羊的毛皮偷了出來，朝希臘的方向奔逃。

可是，伊阿宋雖然意氣風發地凱旋而歸，等待他的卻是父母被叔父殺死的消息。據說伊阿宋與美狄亞合力報了父母之仇。

描繪在古埃及莎草紙上的 白羊座

中央偏上處可看到秋季大四邊形，而在靠近地平線的地方，則有秋季星座中唯一的一等星——南魚座的北落師門散發著光芒。左下角可以看到鯨魚座的土司空。

冬季
星座神話

以獵戶座為中心的冬季星座
有許多閃亮的一等星，非常華麗耀眼。
這個季節的星座形象，都是以宙斯的化身
或諸神之子的姿態勾畫而成。

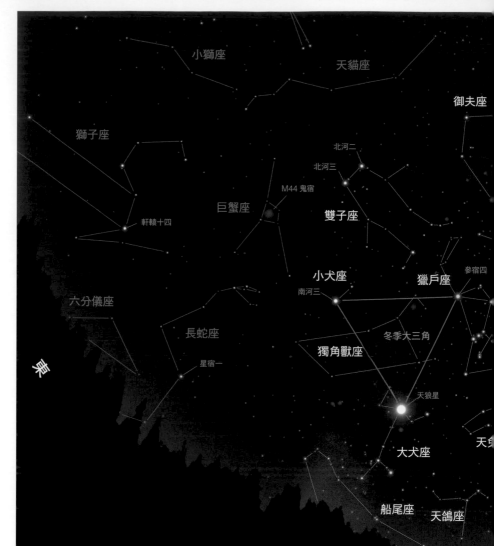

小獅座

天貓座

御夫座

獅子座

北河二

北河三

M44 鬼宿

巨蟹座

雙子座

軒轅十四

參宿四

小犬座

獵戶座

南河三

六分儀座

長蛇座

冬季大三角

獨角獸座

星宿一

天狼星

東

大犬座

天兔

船尾座

天鴿座

✵ 冬天的星座

　　冬季星座裡，閃耀著一年當中為數最多的一等星，而且有很多像獵戶座、金牛座等由亮星構成，形狀分明的星座，特徵是易於辨識，容易聯想形象。

　　冬季星座的嚮導是在冬日淺淡的銀河西岸閃耀的獵戶座。由三顆二等星斜排成一列的「三星」，以及周圍環繞的兩顆一等星與兩顆二等星形成的四角形，是這個星座的標誌。左上的橘色

一等星是「參宿四」，右下青色的一等星是「參宿七」。據說這是擁有兩顆一等星，而且形狀最整齊的星座。獵戶座下方是天兔座，從參宿七往右，星星連成一串的地方為波江座。

　　串連獵戶座的三星往右上延伸過去，可看見一顆橘色的一等星「畢宿五」，星星在此排出的小小V字形正好描繪出公牛的臉孔，那就是金牛座。然後，在金牛座上面發光的黃色一等星

豹座

仙女座

飛馬座

英仙座

三角座

秋季大四邊形

昴宿星團（昴星）

十座

白羊座

雙魚座

畢宿五

鯨魚座

波江座

土司空

玉夫座

天爐座

西

可見到相同天空的時期
★ 10月中旬 ………… 3點左右
★ 11月中旬 ……… 1點左右
★ 12月中旬 ………… 23點左右
★ 1月上旬 ………… 21點左右
★ 2月中旬 ………… 19點左右
（北緯35° 附近）

座

「五車二」與其他星星排列出來的五角形模樣，形成了御夫座。

　相反地，若從獵戶座的三星往左下延伸，就會對到群星之中光芒最亮的「天狼星」，這是大犬座的標誌。而參宿四和天狼星連線，並往左邊畫一個正三角形，就可以找到一等星「南河三」。

　這個三角形就叫作「冬季大三角」，中間則是獨角獸座的位置。另外，大三角形上方有兩顆明亮的星星領著兩排星星，那就是雙子座。

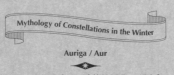
Auriga / Aur

面積 657平方度　21時位於頂點　2月上旬

從一等星五車二起頭，排列出五角形的星座
御夫座

波德星圖中描繪的 御夫座

　　誕生於巴比倫時代的星座，當時認為那是「老人與羊」的模樣。
一等星五車二又被視為天神安努或至高神馬爾杜克的星星，因此倍受
崇敬，是托勒密48星座之一。

　　位於冬季銀河之中，若用雙筒望遠鏡觀察，可發現星座整體覆蓋
著微小的星星，是個相當美麗的星座。一等星五車二在全天21顆一等
星當中處於最北方的位置，在北海道北部則全年可見，不會沉入地平
線下。

五車二

✺ 尋找御夫座的方法

　　在初冬的東北方高空，閃爍著黃色光輝的一等星五車二是它的標誌。星星從這裡排出五角形模樣，有如將棋棋子一般的區塊即是御夫座。而所謂的御夫（御者），指的是乘坐馬車、操縱馬匹的人。星座呈現的是右手持著控馬韁繩，左手抱著小山羊的雅典王形象。

雅典娜女神的寵兒埃里克托尼奧斯

　　鍛冶之神赫菲斯托斯有一隻腳帶著缺陷，因此不太獲得女神及寧芙們的青睞。有一回，海神波賽頓起了惡作劇念頭，灌輸他「智慧女神雅典娜愛慕著你呢，內心還期待能得到你熱烈的求愛」，將赫菲斯托斯哄得暈頭轉向。因為不勝枚舉的神祇與巨人，都對美麗又聰明的雅典娜女神提出求婚之請，但卻被女神悉數拒絕了。

　　然後雅典娜到來，向他訂製盾牌

與鎧甲。赫菲斯托斯便撲向女神，但雅典娜女神在千鈞一髮之際脫身，他反而與大地女神蓋亞生下了孩子。

　　由於蓋亞女神拒絕撫養孩子，雅典娜就代她接手小孩的養育工作。女神為孩子取名為埃里克托尼奧斯，將他藏在神聖的藤箱裡交給了雅典公主阿伽勞洛斯。雅典娜女神非常寵愛並且信賴這個女孩。

　　雖然女神吩咐阿伽勞洛斯絕對不能往藤箱裡面看，可是在好奇心的驅使下，她還是悄悄窺看箱子內部。裡頭裝著一個雙腳生成蛇尾的嬰兒。

　　受到驚嚇的阿伽勞洛斯把裝著埃里克托尼奧斯的藤箱摔落地面，並從

赫維留斯星圖中描繪的 御夫座

雅典衛城之丘跳下身亡。據說埃里克托尼奧斯的腳就是從這時候開始變得不良於行。埃里克托尼奧斯當然是個普通的嬰兒，但因為雅典娜女神在藤箱上施展了魔法，所以阿伽勞洛斯才會在藤箱中看到怪物的幻象，並且感到驚嚇和恐懼。

接到消息的雅典娜女神，對阿伽勞洛斯之死十分傷心，便將埃里克托尼奧斯帶回身邊撫養。雅典娜女神相當疼愛埃里克托尼奧斯，比真正的母親還要寵愛他，還為了彌補埃里克托尼奧斯雙腿的缺憾，傳授給他豐富的智慧。

後來，埃里克托尼奧斯成了雅典的國王，也是唯一一位在熱愛肉體健康美的希臘裡，以帶有缺陷的身體登上王者地位的人物。

他對眾人表述他對雅典娜女神的信仰，運用智慧在雅典推行仁政。

祀奉雅典娜女神的帕德嫩神廟

據說也是他將銀的利用方法教給市民們。另外，為彌補雙腳跛行的問題，他發明了戰車。不僅駕車在國內自由視察，一發生戰爭，他也會操縱戰車，身先士卒地衝入敵營，因此人人讚揚埃里克托尼奧斯，他的名字響徹希臘全境。

眾神之王宙斯感念他發明戰車的功績，將他的模樣升空變成了星座，那就是御夫座。

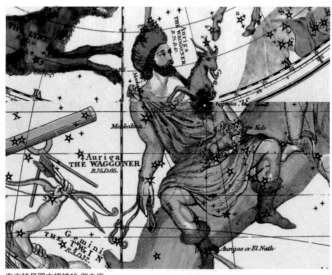

布立特星圖中描繪的 御夫座

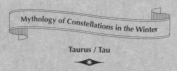
由畢宿星團、昴宿星團組成

金牛座

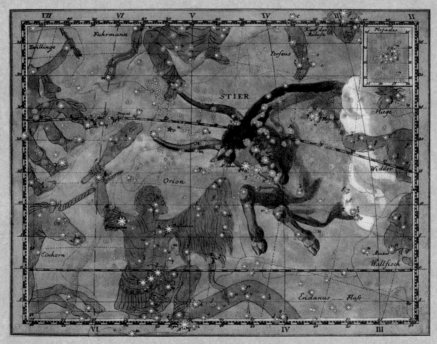

波德星圖中描繪的 金牛座

　　誕生於蘇美爾時代的古老星座之一。而在古埃及，肉眼可見的昴
宿星團與畢宿星團，似乎比星座本身更具知名度。就連西元前850年
時，希臘詩人荷馬也都只在他的詩裡歌詠兩個星團的名字。

　　它是托勒密48星座之一，也是黃道12星座的其中一個。

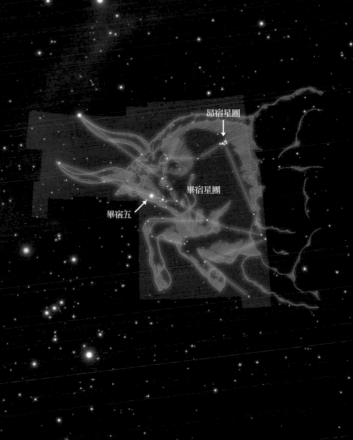

昂宿星團

畢宿星團

畢宿五

與此星座圖同方向的時期
★ 10月中旬 ·················· 3點
★ 11月中旬 ·················· 1點
★ 12月中旬 ·················· 23點
★ 1月中旬 ·················· 21點

✴ 尋找金牛座的方法

　　冬季的代表星座。在冬天的傍晚時分，於南邊高空散發紅色光芒的一等星畢宿五就是金牛座的標誌。星星從這裡排成小小的V字形，勾勒出公牛的臉孔，這就是名叫畢宿星團的星群。而在它的右上方向，可見到數顆星星聚集的一小塊地方，那便是昂宿星團（Pleiades，又稱七姊妹星團），落在公牛的肩膀上，是個僅描繪公牛上半身的星座。

濫情神祇
宙斯的化身

　　腓尼基公主歐羅巴是位極為美麗的女孩,眾神之王宙斯對她一見鍾情。

　　春日的某一天,歐羅巴與侍女們來到原野。那裡綻放著各式各樣的花朵,飄著甜美的香氣。歐羅巴摘下花朵編成花冠、首飾,在花叢裡嬉戲。

　　看到這副景象的天神宙斯,隨即化身成一頭如雪般純白的公牛,出現在原野之上。歐羅巴等人發現這裡不知何時跑來一頭牛的時候,起初有些驚慌,但仔細一看,公牛長得相當漂亮,雙目潤澤,似乎十分乖巧聽話。歐羅巴偷偷摸了一下公牛,公牛似乎感到很舒服。侍女們看到這一幕,也紛紛試著撫摸那隻牛。果不其然,公牛好像很開心的樣子。安下心來的少女們就將花做成的首飾掛在牛身上,或為牠戴上花冠,開始玩了起來。

　　歐羅巴對妝點得漂漂亮亮的牛隻產生了興趣,偷偷坐了上去。

　　「太危險了,公主殿下。」雖然侍女們有些擔心,但歐羅巴卻毫不在意,騎著牛在原野之間慢慢地走著。

　　然後在走到海邊的時候,牛隻突

赫維留斯星圖中描繪的 金牛座

然飛快地往海中奔去。

「呀啊，救命！」

即使歐羅巴想跳下來，但牛隻早就已經跑進海水深處，根本沒有辦法脫離牛背。她只能一邊大叫，一邊緊抱著牛的身軀。侍女們在岸邊哭泣叫喊的身影也變得越來越小。

不曉得從什麼時候開始，歐羅巴乘坐的公牛四周有一群海之寧芙邊跳舞邊群聚了過來。海豚與形形色色的海洋生物好像在打招呼一樣，一個個顯露姿態。歐羅巴察覺這牛肯定是由神祇變身而成的。

「請問您是哪一位？」歐羅巴問道，公牛以澄澈的嗓音回答。

「我是眾神之王宙斯。妳不用害怕，我是出於愛，才會以這種姿態來迎接妳。」

天神宙斯將歐羅巴帶到克里特島。這裡是宙斯誕生的地方，兩人在這裡結為連理。宙斯為了紀念此事，就將自己變成的公牛樣貌化成星座，金牛座於是誕生。

兩人生下了米諾斯、拉達曼迪斯、薩爾珀冬三兄弟。據說等到宙斯離開、回歸天上之後，歐羅巴就和克里特島之王阿斯泰里奧斯結婚，度過幸福美滿的一生。而與天神宙斯所生的兒子們，則被阿斯泰里奧斯當成養子接回，之後米諾斯繼任克里特島的國王。拉達曼迪斯成為公平正直的立法者，聲名遠播，希臘的諸王都慕名前來學習律法。據說米諾斯和拉達曼迪斯死後，居住在只有英雄們才得以

義大利法爾內塞宮壁畫中描繪的 金牛座

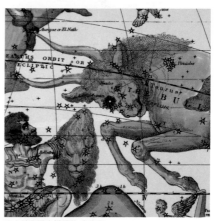

布立特星圖中描繪的 金牛座

進駐的樂園——至福樂土的原野上，他們被宙斯任命為裁判死者善惡的冥界判官。最小的兒子薩爾珀冬則建立了呂基亞王國，而且在傳說當中，他還獲得了三百年的壽命。

Orion / Ori

面積 594平方度　21時位於頂點　1月下旬

形狀整齊，人們最為熟悉的星座
獵戶座

Lepus / Lep

面積 290平方度　21時位於頂點　1月下旬

位在獵戶俄里翁腳下的小型星座
天兔座

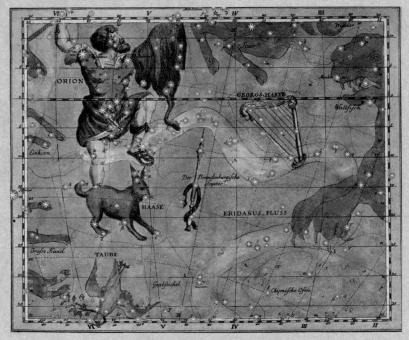

波德星圖中描繪的 獵戶座、天兔座

　　西元前1400年，亞述人就已經廣泛地認定獵戶座是天上的獵人座，有時也被當作是農業之神塔木茲的身影。

　　西元前850年左右，希臘大詩人荷馬的詩歌中曾出現過一顆星星、兩個星團，以及三個星座的名字，獵戶座就是其中之一，它同時也是托勒密48星座之一。

　　天兔座是西元前300年左右就已經誕生在希臘的星座，為托勒密48星座的其中一個。

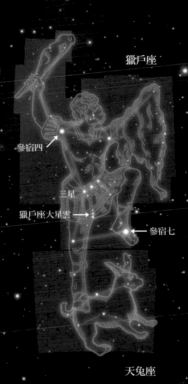

昂星

獵戶座

參宿四

三星

獵戶座大星雲 →

參宿七

天兔座

與此星座圖同方向的時期
★ 10月下旬 ················ 3點
★ 11月下旬 ················ 1點
★ 12月下旬 ················ 23點
★ 1月下旬 ················ 21點

✺ 尋找獵戶座／天兔座的方法

　　獵戶座是冬季的代表星座。在1月傍晚的南方天空中，由兩顆一等星（橘色的參宿四和藍白色的參宿七）和兩顆二等星構成長方形，中央則有三顆二等星以幾乎相等的距離排成一直線，模樣相當引人注意。而這一塊就是俄里翁的身體，形成右手拿著棍棒、左手舉起獵物毛皮，有如持盾的姿態。

　　他的腳下是面積很小，但形狀易於辨識的天兔座。

獵人俄里翁的一生

俄里翁是海神波賽頓之子，雖然是個身形高大的美男子，但個性卻有些粗暴。

俄里翁愛上了巧斯島的公主墨洛珀，並向國王提出想娶她為妻的請求，然後日復一日地將狩獵得來的獵物送到公主面前。不過公主和國王都不怎麼喜歡稍嫌粗暴的俄里翁，於是國王就如此回覆俄里翁：「如果你能消滅在島上大肆破壞的野獸，我就同意你和公主結婚。」想當然，國王覺得他根本不可能辦得到。可是結果卻與預想的截然不同，俄里翁漂亮地完成了這項任務。

因此國王隨口編造一些藉口，繼續拖延結婚一事。俄里翁雖然不服，不過還是等待著國王的認可，但卻在某天晚上喝多了酒，強硬地將公主變成自己的女人。

國王極為憤怒，借助酒神戴奧尼索斯之力灌醉俄里翁，趁他熟睡時挖去他的眼睛，並將他丟到海邊。

眼瞎的俄里翁徘徊於諸國之間，而後在利姆諾斯島遇見了鍛冶之神赫菲斯托斯。赫菲斯托斯是位不良於行的神，他心裡憐憫眼睛看不見的俄里翁，告訴他：「去太陽之神赫利奧斯的城堡吧。你的眼睛如果能照到赫利奧斯的神光，應該就可以再次恢復視力。」還派一個年輕人為俄里翁引路。

如同赫菲斯托斯所言，俄里翁在赫利奧斯神力的加持下取回了視力。

然後，俄里翁抵達了克里特島。因為他原本就是個技巧非常高明的獵人，不久後便引起月亮與狩獵的女神阿蒂蜜絲的注意，經常陪伴在女神左右。然後在不知不覺間，兩人變得宛如戀人一般親密，總是看得到他們同進同出的狩獵光景。

「阿蒂蜜絲女神應該打算和俄里翁結婚吧？」

周遭開始傳出

赫維留斯星圖中描繪的 獵戶座

這樣的流言。

不過阿蒂蜜絲女神負有一輩子獨身的使命，擔心妹妹是否已經忘記個人職責的哥哥阿波羅神便對妹妹提出疑問。「沒想到連哥哥也相信這種無聊的流言？」，阿蒂蜜絲女神笑了笑，根本不當一回事。

有一天，阿波羅看到俄里翁正在遠處的海面上行走。因為俄里翁的父親是海神波賽頓，所以他擁有在海上行走的能力。阿波羅便趁著俄里翁不注意，讓俄里翁的頭發出光芒，然後一副若無其事的樣子，前往阿蒂蜜絲女神所在之處，帶妹妹走到看得見俄里翁頭部的海岸邊，出言挑撥道：「阿蒂蜜絲，雖說你是狩獵女神，也經常外出打獵，但是妳看，遠方的海面上有個小小的光點，這麼遠的距離，即使是妳也沒辦法射中吧？」氣憤不已的阿蒂蜜絲女神並不知道這是阿波羅的計謀，立即拉弓搭箭，漂亮地一箭貫穿了那道光芒。

過了不久，女神發現海浪將被自己的箭矢射穿頭部的俄里翁遺體拍上岸邊。悲傷難過的阿蒂蜜絲女神請求父親宙斯，把戀人俄里翁變成星座。之後，傳說當她駕著月之馬車奔馳在夜空中的時候，總是會與對方相聚。

另外，蹲在俄里翁腳下的天兔座，據說是俄里翁獵物的形象。

月亮與狩獵的女神阿蒂蜜絲（楓丹白露派繪圖）

朝著赫利奧斯宮殿前進的俄里翁（尼占拉‧晉桑繪）

悲嘆俄里翁之死的女神阿蒂蜜絲（丹尼爾‧賽特繪）

Monoceros / Mon

❖

面積 482平方度　21時位於頂點　2月中旬

位於冬季大三角之中的星座
獨角獸座

Canis Major / CMa

❖

面積 380平方度　21時位於頂點　2月中旬

全天第一亮的天狼星閃耀其中的星座
大犬座

Canis Minor / CMi

❖

面積 183平方度　21時位於頂點　2月下旬

以一等星南河三為標誌的小型星座
小犬座

波德星圖中描繪的 大犬座、小犬座、獨角獸座

　　大犬座在巴比倫時代是箭矢座，亮星天狼星代表箭支前端的箭
鏃。

　　小犬座在西元前1200年的腓尼基稱為海犬座，直到西元前300年
前後，希臘的書籍裡才首次出現小犬座之名。

　　大犬座與小犬座同樣都是托勒密48星座之一，只有獨角獸座是
1624年時，由德國天文學家巴丘斯所創的新星座。

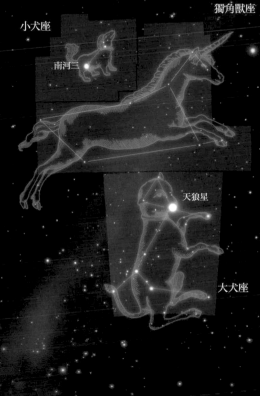

獨角獸座

小犬座

南河三

獵戶座

天狼星

大犬座

✵ 尋找大犬座／小犬座／獨角獸座的方法

群星之中最閃耀的天狼星正是大犬座的標誌。

而與獵戶座參宿四、大犬座天狼星同在冬季夜空中構築出巨大倒三角形的星星，則是一等星南河三，這顆星是小犬座的標誌。由三顆星描繪而成的倒三角形被稱為「冬季大三角」。

這個冬季大三角中央，便是獨角獸座的所在位置。

與此星座圖同方向的時期
（大犬座在正中央）

★ 11月中旬 ………… 3點
★ 12月中旬 ………… 1點
★ 1月中旬 ………… 23點
★ 2月中旬 ………… 21點

不會放走
任何獵物的
獵犬萊拉普斯

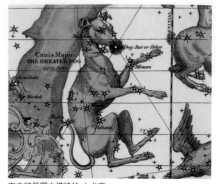

布立特星圖中描繪的 大犬座

有一個說法指稱，這是獵人俄里翁的獵犬正在追捕兔子時的樣子。

而在其他故事裡，則說牠是不會放走任何獵物的獵犬萊拉普斯。萊拉普斯原本是送給宙斯之妻腓尼基公主歐羅巴的贈禮，在歐羅巴死後，她的兒子——克里特島國王米諾斯就將這隻狗轉送給雅典公主普羅克里斯。

這時底比斯國境內正為一頭聰明狡詐的狐狸感到頭痛萬分。牠四處破壞牧場和田地，不管設置什麼陷阱，就是抓不到這隻狐狸，而且牠動作迅速，任何狗都追不上。商談過後，雅典王就將萊拉普斯出借給底比斯。

萊拉普斯很快就發現狐狸的蹤影，一犬一狐隨即開始競爭。不會放走任何獵物的獵犬萊拉普斯以及絕對抓不到的狐狸，跨過原野、越過丘陵，風一般急速地飛馳著。那景象非常美麗，也讓從空中注視的眾神之王宙斯看得入迷。這樣下去肯定兩敗俱傷，於是天神宙斯為了永遠保存兩隻動物的姿態，而將牠們變成了石像。

傳說後來宙斯還將萊拉普斯加入星座之中，成為大犬座。

不用說，從狐害中解脫的底比斯人民對萊拉普斯和雅典國王當然是萬分感激。

赫維留斯星圖中描繪的 大犬座

悲傷的愛犬瑪依拉

　　雅典王伊卡里俄斯從酒神戴奧尼索斯手上獲得葡萄樹，首次釀造出葡萄酒後，用葡萄酒招待眾人，沒想到卻被頭一次醉倒的民眾殺死。這故事在巨爵座（參照p41）裡已有介紹。

　　殺死國王的人們害怕自己的犯行被發現，悄悄將遺體埋在松樹的根部，然後逃亡到國外。但是，伊卡里俄斯的愛犬瑪依拉目睹了全部的過程。當女兒厄里戈涅前來尋找伊卡里俄斯時，牠領著少女走到那個地方。她發現父親面目全非的模樣，因為過於絕望，便在松樹下結束了自己的性命。瑪依拉陪伴在身體變得冰冷的父女身邊不願離去，持續哭嚎直至死亡。

　　而後，雅典境內便陸續發生年輕少女在松樹下自殺身亡的事件，人們向天祈求降下神諭。神明示那是厄里戈涅的詛咒，如果殺害伊卡里俄斯的犯人沒有處刑，災厄將繼續發生。雅典人民搜遍世界各地，最終找到殺害伊卡里俄斯的犯人，並將他們帶回雅典處以死刑。為了緬懷伊卡里俄斯，後來每年都會舉辦葡萄收穫祭典。

　　至於守著伊卡里俄斯和厄里戈涅遺體而死的瑪依拉，則被眾神升為星座，傳說這就是小犬座的由來。

聖獸獨角獸

　　希臘時代以降所創造的星座當中，唯有獨角獸座具有傳說中的動物姿態。據說獨角獸是只有一支角、通體潔白的馬匹，只有純真的少女才能看見牠的模樣。而且獨角獸可以治療所有疾病，具有祛除毒素的能力。

義大利法爾內塞宮壁畫中描繪的 獨角獸與少女

赫維留斯星圖中描繪的 獨角獸座

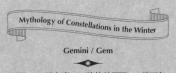
Gemini / Gem

面積 514平方度　21時位於頂點　2月下旬

明亮的兩顆星以及排成兩列的星星
雙子座

波德星圖中描繪的 雙子座

　　它是蘇美爾時代創造的最古老星座之一。古巴比倫時代將它視為
納布（智慧之神）與馬爾杜克（巴比倫帝國首都巴比倫的守護神）兩
位神祇的姿態，是托勒密48星座之一，也是黃道12星座的其中一個，
在羅馬時代還被尊奉為水手的守護神。

　　兩顆並列的亮星北河二、北河三自古以來就相當引人注目，還留
下諸如眼鏡星、兄弟星、金星和銀星等許許多多的別稱。

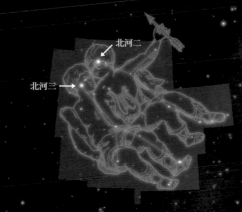

北河二

北河三

❋ 尋找雙子座的方法

　　冬季即將結束的時候，南方高空中會出現兩顆亮星，領著後面的兩排星星，十分引人注目，那就是雙子座。雖然在兩顆星裡，西邊的星星北河二屬於二等星，東邊的星星北河三被歸類為一等星，但就外觀而言，亮度幾乎是一樣的。

孿生英雄
卡斯托爾與
波魯克斯

卡斯托爾與波魯克斯是天神宙斯與斯巴達王妃勒達所生的雙胞胎。卡斯托爾馴服烈馬的技能十分了得，擅長戰略，波魯克斯則是拳擊冠軍。兩人聯手在奧林匹亞競賽中取得多次優勝，並參與了各式各樣的冒險任務，是全希臘名聲卓著的勇者。

伊阿宋前往遠方之國科爾基斯進

行冒險之旅的時候，兩人也同行，但途中他們乘坐的船隻遭遇了大風暴。奧菲斯（天琴座，參照p56）彈起豎琴，祈求神祇平息風暴，由於此時卡斯托爾和波魯克斯頭上發出了光芒，兩人後來就被傳頌為水手的守護神。

在風暴產生的時候，常會看見帆船高聳的桅桿上方有火燄閃爍燃燒的景象，這個現象就叫作「聖艾爾摩之火」，而在傳說中，這是雙胞胎的作為，只要看到這種火，便知道風暴馬上就會結束。

他們還有一對名叫伊達斯和林叩斯的雙胞胎堂兄弟。伊達斯力量強大，林叩斯則是擁有極佳眼力，據說

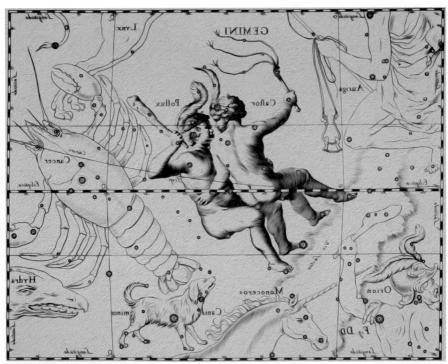

赫維留斯星圖中描繪的 雙子座

不僅能在完全漆黑的空間中看清物體，甚至連地下埋藏的寶藏都看得見。從科爾基斯回來的卡斯托爾和波魯克斯，與這對堂兄弟陷入了爭鬥。

一切的開端是兩對雙胞胎在捕捉牛隻時所發生的。雖然四人同心協力捉了許多牛，可是分配的時候卻出了狀況。

「將一頭牛分成四等分，最快吃完的人獲得一半，第二名再拿剩下的一半吧。」伊達斯如此提議。其他三個人覺得有趣，贊成了這個提案，三人剛坐下來要吃的時候，伊達斯已經把自己的份吃完，還幫林叩斯吃了一部分，然後趁卡斯托爾與波魯克斯還在吃的時候，把所有的牛隻都拉走。

卡斯托爾和波魯克斯怒氣沖沖地前往堂兄弟家。見到兩兄弟從遠處衝過來的林叩斯，把對方的所在位置告訴伊達斯，讓他投出標槍。標槍精準地貫穿了卡斯托爾的身體。卡斯托爾之死讓波魯克斯不知所措，而在這段時間裡，伊達斯和林叩斯已經跑到波魯克斯身邊。伊達斯拔起附近的墓石狠狠攻擊他，但波魯克斯不僅躲開，還用槍刺穿了林叩斯。伊達斯看到這副景象，突然心生恐懼轉身逃走。

然而，剛注意到這場戰鬥的宙斯，就在此時用天雷劈死了脫逃的伊達斯。

波魯克斯對卡斯托爾之死感到十分悲傷，難過得想要自殺。不過命運是殘酷的，相對於母系血脈較濃厚的卡斯托爾，波魯克斯繼承了較濃厚的

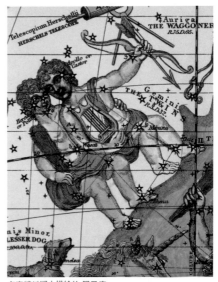

布立特星圖中描繪的 雙子座

父系血脈，擁有永恆的生命，無論怎麼做都無法死去。

「父神宙斯啊，既然已失去最愛的兄弟，我也沒有活下去的動力了。請讓我追隨卡斯托爾而去吧。如果不行，就請讓您的兒子卡斯托爾再一次活過來，我願意為此奉獻自己的生命。」

天神宙斯聽到了悲痛的祈禱，被波魯克斯的真情打動。為了讓兩人的手足之情成為世上所有兄弟姊妹的榜樣，便將兩人化成了星座。

閃耀著許多亮星的冬季星空。最明亮的是大犬座的天狼星，它的上面有獵戶座、金牛座、御夫座，左邊則有雙子座。

其他
星座神話

本章要介紹的是與星座有關
但前面未曾介紹過的希臘神話，
以及世界各國流傳的逗趣星座神話、
星座故事、宇宙觀等。

其他星座神話

全天共有88個星座。因為裡面有一些是15世紀以後才創造出來的，所以也存在完全沒有神話、傳說的星座。不過，88個星座有半數以上是自希臘時代傳承下來的古老星座，其中流傳著各式各樣的神話，這裡就來介紹幾個前面章節中沒有提到的星座故事吧。

✳ 波江座

法厄同是太陽之神赫利奧斯的兒子，與母親生活在一起。有一回，朋友們拿他沒有父親一事來嘲弄，即使他一再強調太陽之神赫利奧斯是他的父親，還是沒人肯信。憤恨落淚之際，法厄同便下定決心要和赫利奧斯相見。

赫利奧斯居住在世界東方盡頭的神殿。雖然過程十分艱辛，但法厄同仍然抵達了赫利奧斯的神殿。

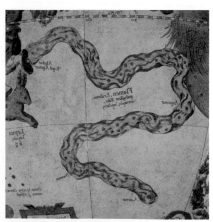

16世紀中期，墨卡托的地球儀上描繪的 波江座

赫利奧斯非常高興，接納了儀表堂堂並且獨自一人千里尋父的兒子。面對敘述著自己沒有父親，感覺十分寂寞的法厄同，讓赫利奧斯神感到十分疼惜，於是承諾會給他任何他想要的東西。法厄同欣喜異常，於是要求乘坐一次赫利奧斯那輛駕馭太陽、每天橫過天際的太陽馬車。太陽神嚇了一跳，想要勸他改許其他的願望，但法厄同根本聽不進去。這輛馬車上太陽炎熱，拉著馬車的馬匹脾氣也很暴躁，就連赫利奧斯操縱起來也不是很得心應手。而且由於是單人座駕，所以赫利奧斯無法同乘。可是神祇無法破壞承諾，不得已，只得答應讓法厄同坐上太陽馬車。

早晨到來，太陽馬車從東邊的地平線升空出發。雖然法厄同身上塗抹了赫利奧斯的特製藥物，以免遭到太陽的熱力燒灼，可是太陽的熱度超乎想像，法厄同非常後悔當初不聽父親的勸告。而在此時，脾氣暴躁的馬匹們發現駕馭者不是平時的赫利奧斯，

完全不理會駕馭者的指令，開始脫離軌道，引得天空中的恐怖獅子咆嘯怒吼，天蠍使出毒針前來攻擊。驚慌失措的法厄同鬆開了韁繩，馬匹們便自顧自地在天空中奔馳。乍看像是要降落地面，卻又突然往高空升起，地上世界與天上世界都受到太陽灼燒而引發嚴重火災。看不下去的宙斯便釋放雷電破壞太陽馬車，法厄同的身體則被火焰包圍，倒頭掉進波江之中。

這條溫柔承接法厄同遺體的河流化為星座後，即是波江座。

✳ 南魚座

傳說豐收女神德塞特和愛與美之女神阿芙羅狄忒的關係非常不好。

有一次，阿芙羅狄忒女神打算懲罰一下對自己不敬的德塞特女神，就對德塞特女神施展了愛情魔法。而後德塞特女神與一個年輕的人類男子陷入熱戀、結婚，還懷上孩子，可是此時魔法卻解開了。恢復本性的德塞特女神，對自己受到阿芙羅狄忒操縱並愛上人類的行為感到羞恥，便殺死丈夫、丟棄孩子，跳入湖中變成了魚，而由這隻魚的模樣變成的星座就是南魚座。

✳ 天箭座

傳說天箭座源自丘比特的愛之箭，或是英雄海克力斯誤殺老師凱隆的箭矢（參照p52），又或者是太陽與音樂之神阿波羅射殺庫克洛普斯的箭矢。

庫克洛普斯是天空之神烏拉諾斯與大地女神蓋亞之間生下的三名獨眼巨人，三個人在修築城牆、鍛造技能方面都十分優秀，卻受到烏拉諾斯厭惡，被關在地獄深處的坦塔羅斯之中。由於天神宙斯解放了地獄，所以他們幫宙斯打造神雷作為謝禮。

後來，三人就在鍛冶之神赫菲斯托斯所在之處為宙斯打造神雷。但有一次，因為阿波羅神之子阿斯克勒庇厄斯讓死者復活，擾亂了世間秩序，宙斯使用神雷劈死了阿斯克勒庇厄斯。阿波羅對此憤恨不已，便使用箭射殺了打造神雷的庫克洛普斯。

被這惡行激怒的天神宙斯遂將阿波羅打落凡間贖罪，命令他到色薩利地區的佩拉王國擔任一年的國王。

赫維留斯星圖中描繪的 南魚座與天鶴座

✳ 牧夫座

有一說指稱牧夫座是天神宙斯與寧芙卡麗絲托之子阿魯卡斯（參照p33），另一個說法則是提坦族的阿特拉斯。

天空之神烏拉諾斯與大地女神蓋亞所生的孩子們就是巨人提坦族。身為提坦族之一的時間之神克羅諾斯殺掉父神烏拉諾斯，支配了世界，而且還與妃子瑞亞共同生下七位以宙斯為首、在希臘神話之中十分活躍的奧林帕斯神祇。但是因為克羅諾斯連奧林帕斯眾神都想殺死，於是宙斯便站出來，帶領奧林帕斯眾神與提坦族作戰。經過十年激烈的戰鬥，最終獲得勝利，並將絕大多數的提坦族放逐到世界盡頭。

戰爭主謀之一的阿特拉斯被捕之後，作為懲罰，他必須負責扛起天空。漫長悠久的歲月中，阿特拉斯始終擔負著沉重的天空，既無法挺直身子也無法改變姿勢，整個人變得極為疲憊（只有一次在短時間內交由海克力斯代為撐天，參照p48）。

有一次，珀耳修斯剛好路過（參照p92），他正在前去消滅魔女美杜莎的路上。阿特拉斯呼喚珀耳修斯停下，並且請求他若是順利殺死美杜莎的話，是否能夠讓自己看一眼美杜莎的頭顱。「這麼做的話你也會變成石像啊」，珀耳修斯聽了大吃一驚。不過阿特拉斯向他解釋，是因為扛了這麼久的天空，實在是疲憊不堪，才會想要變成石像。所以，成功消滅美杜莎的珀耳修斯便依約回到阿特拉斯身邊，然後利用美杜莎的魔力，將阿特拉斯變成了石頭。

後人傳說阿特拉斯因為長年支撐天空的功績而升上天際，變成了牧夫座。

✳ 昴宿星團

提坦族的阿特拉斯與普勒俄涅擁有七位美麗的女兒，被稱為普勒阿得斯七姊妹，她們是月亮與狩獵女神阿蒂蜜絲的侍女。某天夜裡，當她們在森林裡跳舞的時候，獵人俄里翁突然出現，並想要侵犯她們。受到驚嚇的姊妹們轉身就逃，衝入阿蒂蜜絲女神的神殿之中，尋求女神的幫助。阿蒂蜜絲女神敞開銀衣，將七姊妹藏於其中。過不久，俄里翁追了過來，卻到處都找不到七姊妹的身影，只得無奈地離去。而後女神掀開披衣，普勒阿得斯姊妹就化成鴿子飛向高遠的天空，變成了星星，據說這就是昴宿星團的由來。

在東方天空升起的昴宿星團（昴星）與它的放大圖

✳ 阿爾戈號的故事

　　南船座是個古老的星座，雖然同樣列在托勒密48星座裡頭，但18世紀的法國天文學家拉卡伊將它分成了四部分，所以現在已不復存在，但是它流傳著一段壯闊的冒險故事。

　　伊奧科斯國的國王克瑞透斯死後，珀利阿斯將異母弟弟，同時也是正當王位繼承人的埃宋王子和他的王妃關了起來，奪走國家統治權。埃宋的王妃懷有身孕即將臨盆，為了避免小王子被珀利阿斯害死，祕密將兒子託付給半人馬族的賢者凱隆。孩子取

名為伊阿宋，由凱隆細心地扶養長大。

　　伊阿宋成長為一個健壯的年輕人，於是凱隆就把當初他出生時的祕密全盤托出。伊阿宋聽完之後，很快地回到了伊奧科斯國，逼迫叔父珀利阿斯交出政權。雖然珀利阿斯並不知道伊阿宋的存在，所以剛開始時顯得有些驚慌，但他終究是個老奸巨猾的人。他裝出一副非常歡迎伊阿宋回國的模樣，並答應伊阿宋會交還王權。「不過，有件事情我必須告訴你。」珀利阿斯說道。「事實上，本國受到色薩利王子佛里克索斯（參照p100）

赫維留斯星圖中描繪的 南船座

義大利法爾內塞宮內塞宮壁畫中描繪的 南船座

的詛咒，民眾過得非常艱苦，而他是你的表兄弟。根據神的旨意，要解開這個詛咒，就必須前往遠方國家科爾基斯，取回當初他贈送給國王的黃金羊皮。如果我還年輕就會自行前往，但我現在已是如此虛弱老邁。你是否能夠代我走這一趟？」聽到他提出這樣的請求，單純不知人間險惡的伊阿宋很快便答應了，只要能拯救國家，他願意前往科爾基斯。

伊阿宋首先向希臘諸國宮廷派遣了使者，招攬一同前往科爾基斯的勇者。而後，響應號召而來的50位知名英雄人物聚集到伊阿宋身邊，其中包含了後來成為雙子座的卡斯托爾與波魯克斯、變成武仙座的海克力斯，還有天琴座的故事主角奧菲斯。

伊阿宋還委託擅長造船的阿爾戈斯建造巨大的船隻，也因為這船出自他手，於是便將此船命名為阿爾戈號。

伊阿宋與50位英雄登上阿爾戈號，意氣風發地出海航行。另一方面，在港邊送行的珀利阿斯則內心竊喜，覺得伊阿宋大概無法再回到這個國家了。因為科爾基斯位在遙遠的東方盡頭，而且路途中還有重重險阻與困難等著他們。

伊阿宋一行人停靠各個國家、島嶼進行補給時，每每都會幫忙剿滅怪物，並獲得歡迎與愛戴，歷經各式各樣的冒險。最初抵達的小島是一座只有女性居住的島嶼，因為島上的男人們時常襲擊其他國家，誘拐女人作為姬妾，忍無可忍的女人們掀起一場暴動，將所有男人全部殺光。島上的女人非常歡迎強壯勇健的阿爾戈號船員，而且還想和他們共度春宵，生個孩子。如果不是海克力斯強硬地把船員拉回船上，阿爾戈號的旅程大概就這麼結束了吧。

旅途當中，他們因為拋下尋找失蹤友人的海克力斯而引起神怒，致使船隻差點遇難；還在薩爾米狄索斯遇到預言不太準而遭到眾神之王宙斯厭棄，懲罰其雙目失明並飽受哈耳庇厄怪鳥之苦的老人菲紐斯。哈耳庇厄會在菲紐斯要吃飯的時候飛來，將食物吃得到處都是，只剩下受到污染、散發惡臭的東西，根本無法食用，菲紐斯因此變得極為消瘦。後來由於阿爾戈號的勇士們消滅了哈耳庇厄，菲紐

斯相當歡喜，便傳授他們各式各樣的知識。

其中最重要的知識，就是通過本次航海最大難關——敘姆普勒加得斯之岩的方法。岩石座落在時常被迷霧包圍的博斯普魯斯海峽入口處，船隻想要從中間通過時，兩側岩石會互撞以破壞船體。如果不清楚狀況直接通過，船隻不曉得會被破壞成什麼樣子。伊阿宋一行人按照菲紐斯的建議，在岩石前先放飛一隻鴿子，趁著岩石轟然閉合準備夾死鴿子並再度打開的瞬間，全體船員奮力划槳，快速衝過岩石間隙。雖然再次緊閉的岩石還是稍微夾壞了船尾，幸虧他們平安無事地通過了岩石。

終於抵達科爾基斯後，該國公主美狄亞對伊阿宋一見鍾情，於是他們就在公主的幫助下取得了黃金羊的毛皮（白羊座，參照p100）。

返程中，仍舊有許許多多的困難等著他們。聽到美麗塞壬的歌聲，人類就會受歌聲中的魔力誘惑，跳入海中死去；所以在通過塞壬之島的時候，奧菲斯便唱起歌來與之對抗，以此戰勝了塞壬的魅惑之力，平安通過此地。

不過，好不容易航行到西西里島的阿爾戈號，卻被一陣突如其來的風暴捲到利比亞的撒哈拉沙漠正中央。他們在沙漠裡推著船隻移動了十二天，終於到達一處湖畔，但這次卻連出口都找不到。伊阿宋向阿波羅求助，藉由阿波羅與海神特里同的幫助，讓阿爾戈號回到海上。航行到克里特島時，鍛冶之神赫菲斯托斯創造的青銅巨人塔羅斯拒絕讓他們上岸和補給物資，於是從科爾基斯一路同行的美狄亞公主使出魔法，幫助伊阿宋等人打倒了塔羅斯。

伊阿宋在出航數個月後平安地回到伊奧科斯國。可是珀利阿斯認為伊阿宋必死無疑，早已將軟禁的埃宋夫妻害死。伊阿宋得知後，和美狄亞公主合力報了父母之仇。

另外，傳說後來伊阿宋將阿爾戈號獻給了海神波賽頓，波賽頓將它變成了星座。

阿爾戈號（羅倫佐・科斯塔繪）

古希臘描繪的阿爾戈號眾英雄

各國流傳的星座故事

　　雖然本書主要介紹的是與星座有關的希臘神話，不過，和星座有關的故事並不僅限於希臘神話，世界各個國家都有反映該國風土人文的故事被傳唱，這裡將從中挑選幾篇進行介紹。

※ 俄羅斯流傳的星座故事

真心之星
北斗七星

　　很久很久以前，嚴重的乾旱襲擊了許多村莊。有一天，村裡一名少女手拿杓子四處徘徊。少女的母親生病發燒，很想喝水，但是到處都找不到水源，疲憊不堪的少女最終倒臥在路旁。

　　等她清醒過來時，卻發現手裡的杓子裝著滿滿的水。少女非常開心，轉身折返，結果看見一隻乾瘦的小狗搖搖晃晃地走了過來。覺得小狗很可憐的女孩分了一些水給牠，沒想到杓子竟然變成銀製品，散發美麗的光輝，少女火速趕回家。

　　看到女兒回家時手上拿的杓子，母親非常驚訝，但還是溫柔地說：

　　「妳這麼辛苦，一定很渴吧。我沒關係，這水還是妳喝吧。」

　　於是乎，杓子又變成黃金的了。

　　這時，有一個衣衫襤褸的老人走來。

　　「能分我一口水喝嗎？」

　　看見他那副模樣，少女的母親說：「真可憐，把我的份給這位老人

在俄羅斯，北斗七星是著名的真心之星

家吧，剩下的都給妳喝。」少女聽從媽媽的話，將水拿到老人面前的時候，水杓裡湧現有如噴泉般的水流，並飛出七顆鑽石，上升到天際化成了星座。老人不知何時失去了蹤影，唯有聲音迴盪：「那七顆星星就是妳們的真心之星，只要那星星還在夜空中閃爍，妳們的善行就會不斷地傳揚。」

當所有村人都喝到足夠的水以後，那水仍舊持續湧出，拯救了村莊免於乾旱。

西春坊之星
老人星

過去，房總半島的前端有座小村莊。人們捕撈漁獲，勉勉強強地生活著。可是每年一到冬天，大海就會突然間變得波濤洶湧，導致村裡死去不少人。年輕的和尚西春對此感到悲傷，就召集村人說道。「我願經受活埋，化身成佛，並且變成星星告訴大家天氣的變化。要是我的星星出現在南方天空低處，那就是大海將起波濤的前兆，絕對不能出海捕魚。」西春對哭著阻攔的村民們說了這些話，便自行走進早已挖好的坑洞中，讓悲傷的村人將頂端封死。　連好幾天，洞穴裡傳出誦經的聲音，最後終於沒了聲響，接著南方低空處出現了一顆明亮的星星，村人們知道那就是西春化作的星星。

和西春說的一樣，當這顆星星出現在天際時，大海一定會產生暴風雨。傳說由於這顆西春之星會告知天氣狀態，村民們可以安心地外出捕魚，從此不再有人死於暴風雨。

西春之星就是位在獵戶座南方遠處、船底座的一等星老人星。

在獵戶座與大犬座南方發光的老人星（箭頭處）

釣起島嶼的茂伊
天蠍座

茂伊是三兄妹當中的老么，哥哥們總是將茂伊當成小孩子對待，喜歡捉弄他。

脾氣溫和的茂伊將無依無靠的魔法師婆婆當成親人一般照料。然而某一天，知曉自己死期將近的婆婆叫來茂伊：「等我死了以後，就將我的顎骨做成釣鉤吧。」說完這段話沒多久，她就斷了氣。

茂伊遵照婆婆的遺言做出了釣針，並偷偷躲進哥哥們外出釣魚的船上。等出海之後才發現茂伊的哥哥們非常生氣，但事到如今也不能掉頭。哥哥們只好丟著茂伊不管開始釣魚。茂伊也不慌不忙地拿出釣鉤，就這樣

在南方閃耀的天蠍座　彎曲成S形的姿態被紐西蘭的毛利族當成巨大的釣鉤

直接投入海中。

茂伊的釣針立刻就釣到某種東西。那拉扯的力道十分強勁，所以哥哥們也一起拉，沒想到居然釣起一座大島。由於島嶼持續掙扎，使得釣線繃斷，茂伊的釣鉤也飛向了天空，據說那就是天蠍座。

由於這股力量的衝擊，茂伊的兄長們都被拋入海中死去。變得孤單一人的茂伊拚命用繩索捆住島嶼，讓它服從，傳說紐西蘭島就是這樣誕生的。

銀河的傳說

世界各國都流傳著形形色色關於銀河的傳說，但其中大多是以「河流」或「道路」的形態傳揚。

在希臘神話中，傳說這是奶水之路。海克力斯是眾神之王宙斯與阿爾戈斯公主阿爾克墨涅之間生下的孩子。阿爾克墨涅害怕會招來宙斯天妃希拉女神的厭惡，於是就將剛出生的孩子丟到城郊原野。而接到宙斯命令的雅典娜女神，將不知情的希拉女神帶到該地，並勸誘她為被拋棄的孩子哺乳。希拉女神可憐這個孩子，就將他抱起餵奶，沒想到海克力斯吸奶吸得太用力，讓希拉痛得丟開海克力斯，從希拉女神胸部噴灑出來的乳汁

隨即變成了銀河。而且據說因為海克力斯曾經吸吮過希拉女神的奶水，使得他擁有了不死之身。雅典娜女神將海克力斯送還給阿爾克墨涅，並告訴她要好好地養育孩子。

另一個傳說則是天神宙斯命令傳信之神赫密斯將海克力斯帶到奧林帕斯宮殿中，並趁希拉女神睡覺時讓海克力斯吸吮奶水。但由於海克力斯吸奶的力道太大，驚醒的希拉女神一把推開嬰兒，此時潑灑出的乳汁就變成了銀河。

而在埃及，人們認為尼羅河接續著銀河，潤澤國家的尼羅河之水是從天上流下來的，所以銀河又被稱為「天上的尼羅河」。同樣的，巴比倫地區諸國則說銀河是天上的幼發拉底河，印度則將銀河喚作天上的恆河。

至於澳洲的原住民傳說之中，也將銀河當作流貫天空的河川，並認為銀河之中明亮閃爍的星星是棲息在那邊的魚，細小的星子即是魚的餌食。另一說為雨和雲的精靈瓦拉甘達的身影，瓦拉甘達升天即化成了銀河。

此外，埃及還有個故事指稱，銀河是女神伊西絲躲避賽特神追捕時，途中撒落的麥穗變成的。

俄羅斯將銀河稱為鳥之道。因為俄羅斯烏拉爾山脈的南方山谷，每到夏天就會有大量鶴鳥飛來停駐。夏季時，鶴鳥在山谷裡產卵，繁育後代，到了秋天就帶著生下的孩子回到南方國家。但是有一年天氣異常險惡，鶴鳥遲遲無法往南遷徙。後來總算挑了個天氣好的日子起飛，可是卻在途中遭遇強烈風暴。幼鳥跟不上鳥群，迷失了方向，當中甚至還有一些鳥因為體力透支落到了地上。看到這種情況的親鳥們為了幫孩子們指引道路，便拔下自己身上的羽毛撒到天空中。羽毛化成了星星，散發光芒，幼鳥們就沿著這條星星之路順利地抵達南國，據說這條星星之路後來就被稱為鳥之道或銀河。

在泰國，銀河和鳥沒有關係，而是被叫作「豬之道」。

此外，世界各地的銀河似乎都會被人們視為魂魄的通道或是精靈之路，總是流傳著銀河是接引死者魂魄、通往天國之路的傳說。日本也有些地方傳承著這類的故事。

銀河的全景攝影

夏季的銀河
在天空較暗且較清澈的地方，可以看見
有如白色雲霧一般的帶狀。以前的人們
會把它想像成乳汁流費之路，或是連接
天地的河流等形象。

星星落下的池塘

　　日本各地都有關於星座的老故事，不過當中要介紹的，是新潟縣北部舊神林村（現在的村上市神林地區）流傳的傳說。

　　在一處名為舊神林村的地方，有個傳說叫「星星落下的池塘」，國內其他地方不曾聽聞的眾多星座，這個傳說中都有提及。它刊載於中村忠一先生於昭和10年左右整理而成的《岩樟舟夜話》裡，是一篇短文，故事的舞台正是舊神林村的小池塘「大

新潟縣村上市的新保大池上閃耀著的「狼星」（大犬座的天狼星）

池」。

　　故事從描寫夜晚的靜謐切入，相當傳神。「流星」象徵人類死後前往極樂，從水面延伸至天際的「極樂之道」則代表冬季的銀河。當中記述著冬天或是晚秋午夜可見的星空景象，在此列出全文。

「星星落下的池塘」

　　很久很久以前，星星落在松樹林環繞的新保大池之中。

　　所有的星星都有生命，當人類熟睡、鴉雀無聲的時候，這個神祕的世界將從寂靜與沉默之中清醒過來。屆時，耳朵會聽見泉水的聲音，池裡燃起小小的火焰，樹林中的所有精靈都開始與星星的精靈對話。然後，池底的微小亮光之處，發出又長又陰鬱的聲音，往又大又亮的星星靠了過去。接著那個叫聲運著一道亮光，有如呼吸般飛入大池底部……。這時村裡的人會說：「流星劃過代表有人到了極樂世界，就好像佛像背光一樣，只要雙手合掌參拜，就能獲得幸福。」

　　在大池正上方串連著的星星就是被稱為「極樂之道」的星群，據說那些星星從地獄一路延伸至極樂世界。距離那裡很遠的地方可以看到「魂魄的車駕」，走在前面的三顆星則是「三匹馬星」，在第三顆星旁邊有一顆小星，即「馬子星」。周圍可見星星如下雨般降落，那些都是人類的靈魂，佛祖會在該處將無法放在自己身

在冬季大池上發光的獵戶座與大犬座

邊的人事物全拋下,所以那些都是遲遲無法前往極樂世界的星星。

　　從那裡稍稍往下還有三顆星,正是可以辨識時刻的「熊手星」;再往下則是常年高懸南方,亮如火炬一般的「狼星」。

　　「狼星」的故事如下。

　　有一天晚上,那顆「狼星」和「熊手星」、「黃鶯籠星」一同參加星星朋友的宴請。性子急躁的「黃鶯籠星」通過高高在上的道路先走一步,「熊手星」則選擇抄下方捷徑,追趕在「黃鶯籠星」後頭。但懶惰的「狼星」睡過頭,於是被留在最後

面。「狼星」一氣之下,丟出拐杖想讓跑在前面的星星停下來,因為這個緣故,位於「狼星」與「熊手星」之間的星星又叫「狼拐杖」。

　　當星星閃耀時,天空看上去著實悠遠深邃,大池池底也會變得幽深,許多星星傾注而下。據說每一次墜落,都代表著一個人類魂魄前往極樂世界。

　　(以上是將中村忠一所寫的《星星落下的池塘》全文改寫成白話風)

　　解說:「魂魄的車駕」是北斗七星的四方形部分,「三匹馬」是北斗七星杓柄的三顆星,「馬子星」即為

在冬季大池裡休憩的天鵝，開始下沉的獵戶座

四等星「Alcor」，它緊貼著北斗七星杓尾倒數第二顆星。「狼星」在中國叫作天狼星，指的是全天中最為明亮的「Sirius」。「熊手星」（獵戶座的三星）也是著名的星座。

　　這篇故事的壓軸場景在後半部分。

　　星座們受邀參加星星朋友的宴會。在高空發光的「黃鶯籠星」（昴星）先行出發，熊手星也追上去，狼星則緊跟在後。沒多久，熊手星超越了黃鶯籠星，最後南邊只留下落在低處的狼星。一般認為這段描寫具體地表現出星星的配置與動態。將星星如

此寫實地記述成一篇故事，在日本無人能出其右。

　　我們曾向在大池周圍的田地工作的婆婆們詢問相關神話，果然有人知道這段傳說，並提及過去悄然無聲的大池之中「傳聞有星星墜落在裡面呢」。由此可以真切地感受到，這段星座故事仍舊活在當地人的心中。

黃鶯籠星

極樂之道

熊手星

狼星

三匹馬星

魂魄的車駕

馬子星

將傳說中的「星星落下的池塘」表現出來的圖。北斗七星因大幅偏離此圖，故顯示在湖面上

雙子座流星雨與冬季星座。據說當死者前往極樂世界時就看得到流星，12月中旬會迎來雙子座流星雨的高峰期

都德的《繁星》

　　調查《星星落下的池塘》一文中出現的星座實際對應哪些星星的時候，遇到了一些難解的疑惑。後來我從朋友那裡得到意外的情報：「印象中法國似乎也有類似的故事。」那正是都德所著作的《磨坊書簡》中收錄的一篇故事《繁星》。從開篇的抒情描寫，到登場星座、轉結部分的內容都十分相似。法國普羅旺斯地區的遊牧民族口耳相傳的背景，的確是孕育出星星故事的絕佳土壤。至於用「火炬般光亮」來表現一等星天狼星，我想應該是由於普羅旺斯地區緯度較高，受大氣影響，使得這顆星星看起來閃爍著偏紅的光芒吧，因為新潟的天狼星看起來是呈現藍白色的光輝。不過兩個故事的發表年代十分接近，所以到底哪一個才是原創版本，我想很難找出明確的答案。既然已經有一篇傑出的星空故事在那片土地上牢牢扎根，追溯正確與否可說毫無意義。

守護四方的星座

中國是四大文明發祥地之一,與歐洲截然不同,自成體系的天文學、星座也十分發達。吸納了中國文化的韓國與日本星座亦承繼了相同的獨特風格。

誕生於美索不達米亞,發展於埃及、希臘的西洋星座,是根據星星排列的形態,加上想像之後創造出來的東西。相對於此,中國的星座則是根據所處位置來劃定,並不是從形狀塑造而成的。

最古老的是將星空分割成四塊,以四神或四靈獸為題構成的星座,而這也成了守護東西南北四方位的四神。日本在古墳時代——相當於西元600年左右已有中國文化輸入,在古墳壁面等處都殘留著相關的圖畫。

四神為玄武、朱雀、青龍、白虎的姿態。「玄武」是龜與蛇合體的模樣,以歐洲星座來說,即是摩羯座、寶瓶座、飛馬座附近。

「朱雀」在初期就如同文字所述一般呈現雀鳥的形態,但慢慢轉變成雉雞,最後變化成鳳凰的模樣。對照歐洲星座,它就位在長蛇座附近,是將長蛇座的大段曲線看成了巨型大鳥的身影。據說長蛇座心臟處發光的星宿一成了象徵朱雀的星星,和青龍一樣都是形狀易於想像的星座。

「青龍」中所謂的龍是想像的生物,相當於歐洲星座裡天蠍座附近的區域。天蠍座就位在青龍尾巴到下半身的部分,從這裡往右上擴散的星星則構成上半身與龍頭。從頭部延伸出去的兩條強韌觸鬚前端,閃耀著牧夫座的大角星與室女座的角宿一。它擁有四個星座中形狀最清晰的星列,並

四神星座之一——東方青龍。在此呈現的四神星座,都是以藥師寺本尊的臺座照片為基礎製作而成

四神星座之一——西方白虎,獵戶座附近是頭,尾巴前端可抵達仙女座所在之處

且包含了好幾顆一等星，相當華麗。

「白虎」是樣態神似老虎或獅子的星座。以歐洲星座的位置來看，差不多在獵戶座附近。

雖然我們並不清楚四神星座究竟誕生於何時，但可以推斷出28星宿是在它之後誕生的。28星宿是於月亮軌跡上創造出來的28個星座，玄武處在北方七宿的位置上，青龍與朱雀則各自坐擁將28星宿四等分後的東方七宿和南方七宿，約居於中央位置，而白虎則偏向西方七宿的一端，因此可以推測出28星宿應是後世所創。中國28星宿的原型似乎誕生於西元前8～5世紀，最早的紀錄是西元前433年製造的陶器上描繪的28星宿圖像。

後來還創造出代表中國社會制度的星座（太子、九卿、騎官等等），到了西元前200年左右已存在將近三百個星座，甚至還有一顆星就是一個星座的情況。據說全體星座中，有百分之六十都是由不到四顆的星星構成。

古代日本似乎也吸納了四神、28星宿與好幾個星座。最近發現的高松塚古墳和龜虎古墳當中即繪有28星宿。經過確認，龜虎古墳裡面約有六百顆星與34個星座。

後來，負責曆年推斷、天體觀測，比如陰陽師與天文方之類的特殊族群，便將中國的星座加入應用，不過這些並沒有普及到一般階層。

再之後，日本民間也創作出特有的星座。由於日本是農耕民族，過著日出而作日落而息的生活，並不習慣對著夜空編撰壯麗華美的故事，所以都是將農耕機具放在星空之中，或是標注播種、收穫時期的名稱，將紅色的星星喚作酒醉星等，大多是以相當直白的名字稱呼星星。

另外，與民間星空無關，在江戶時代中期1700年左右，以製作曆書、觀測天文為職的天文方澀川春海等人，在中國傳入的星座空隙中填上了新的61個星座，追加308顆星。

澀川仿造「大宰府」、「御息所」等日本社會制度的名稱創造了星座，不過直到18世紀後期就不再繼續使用。之後由於1868年明治維新，導入了正統的西洋天文學，引進我們現在正在使用的星座知識，中國星座、日本星座就變得幾乎不再有人使用了。

四神星座之一──南方朱雀呈現巨大鳳凰之姿，以長蛇座為中心，從雙子座連貫到烏鴉座區域

四神星座之一──北方玄武是烏龜與蛇合體的形態，摩羯座和寶瓶座位在中心位置

东方青龙

大角星

大角星

角宿一

室女座

烏鴉座

半人馬座

豺狼座

巨蛇座

天秤座

蛇夫座

心宿二

天蠍座

巨蛇座

盾牌座

南斗六星

人馬座

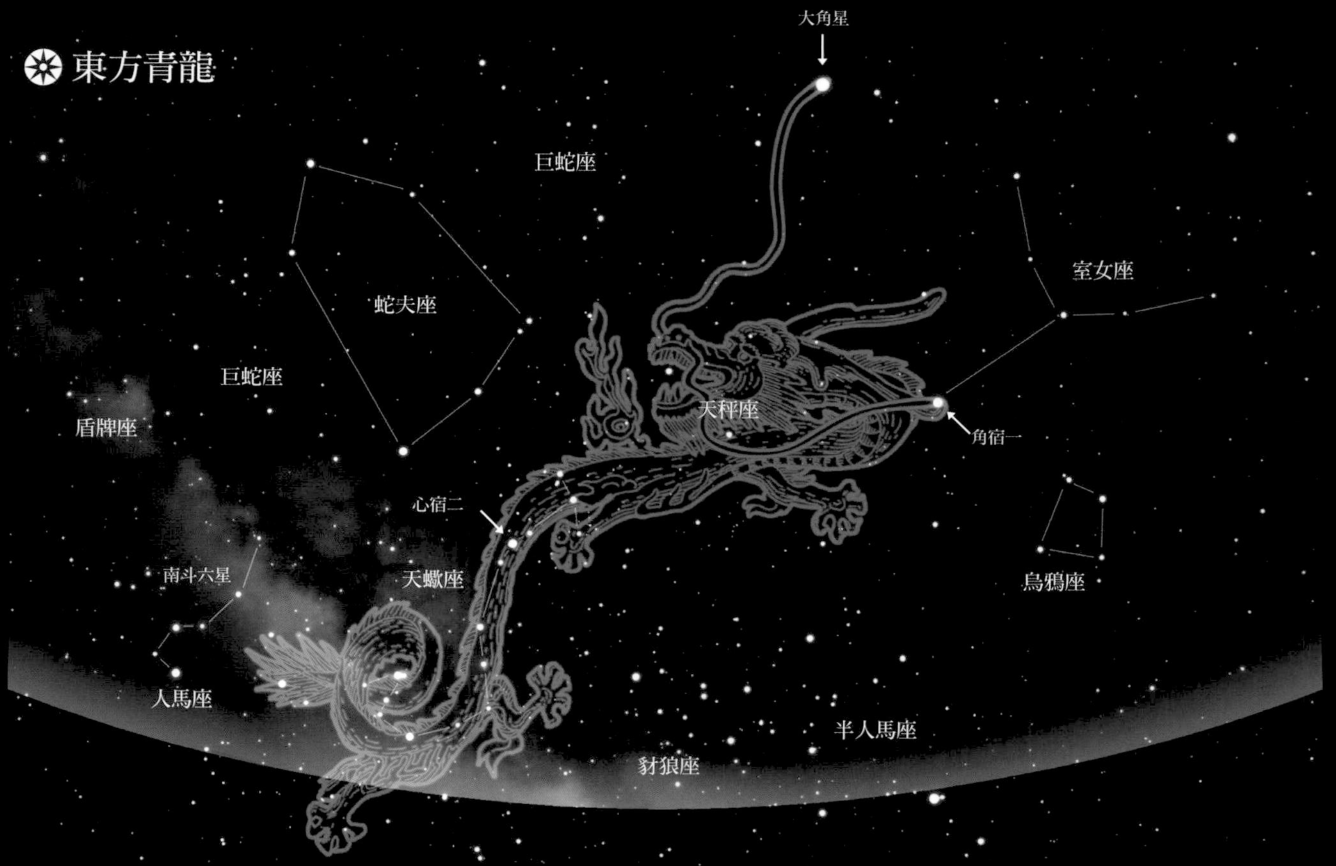

6月20日左右 21時 以正南方為中心的天空

南方朱雀

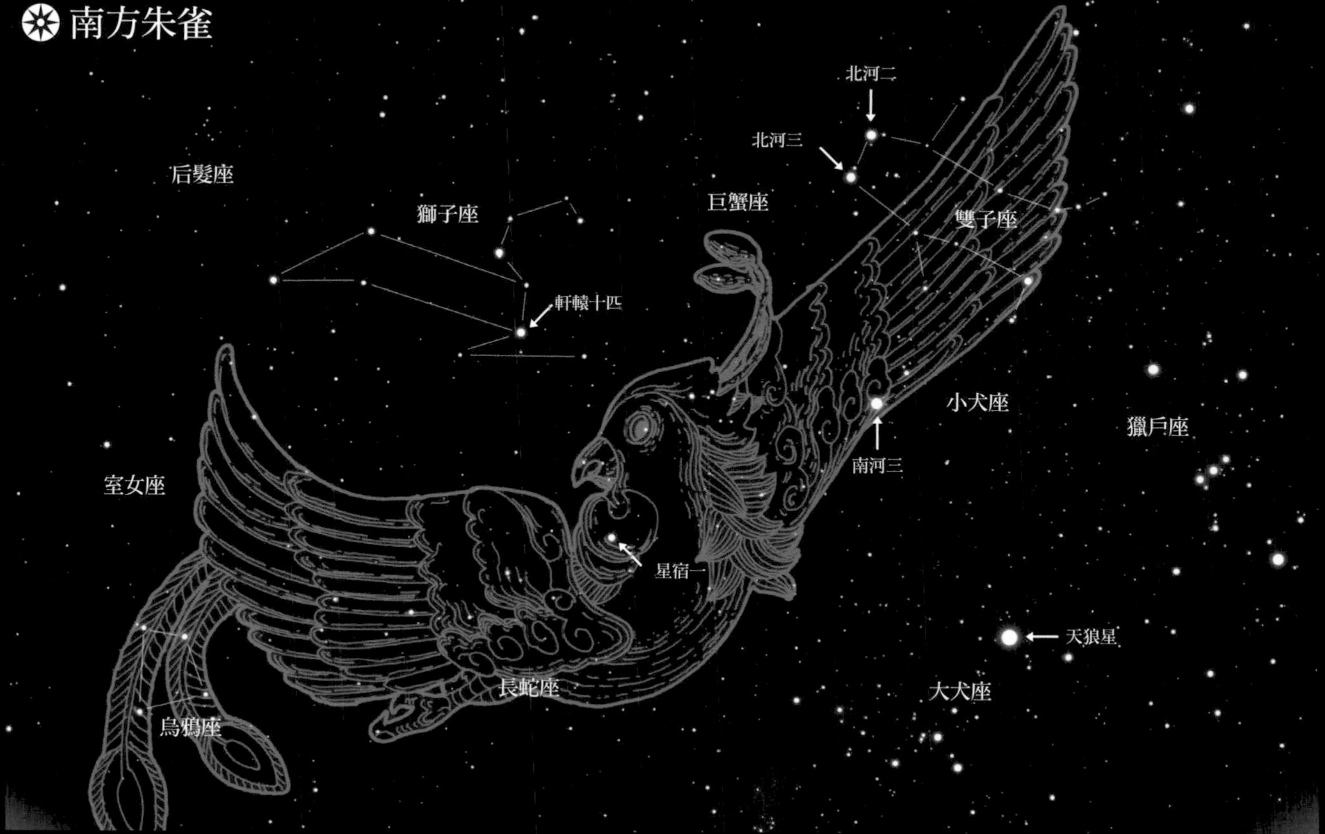

北河二
北河三
后髮座
獅子座
巨蟹座
雙子座
軒轅十四
小犬座
獵戶座
南河三
室女座
星宿一
天狼星
長蛇座
大犬座
烏鴉座

3月20日左右 21時 以正南方為中心的天空

北方玄武

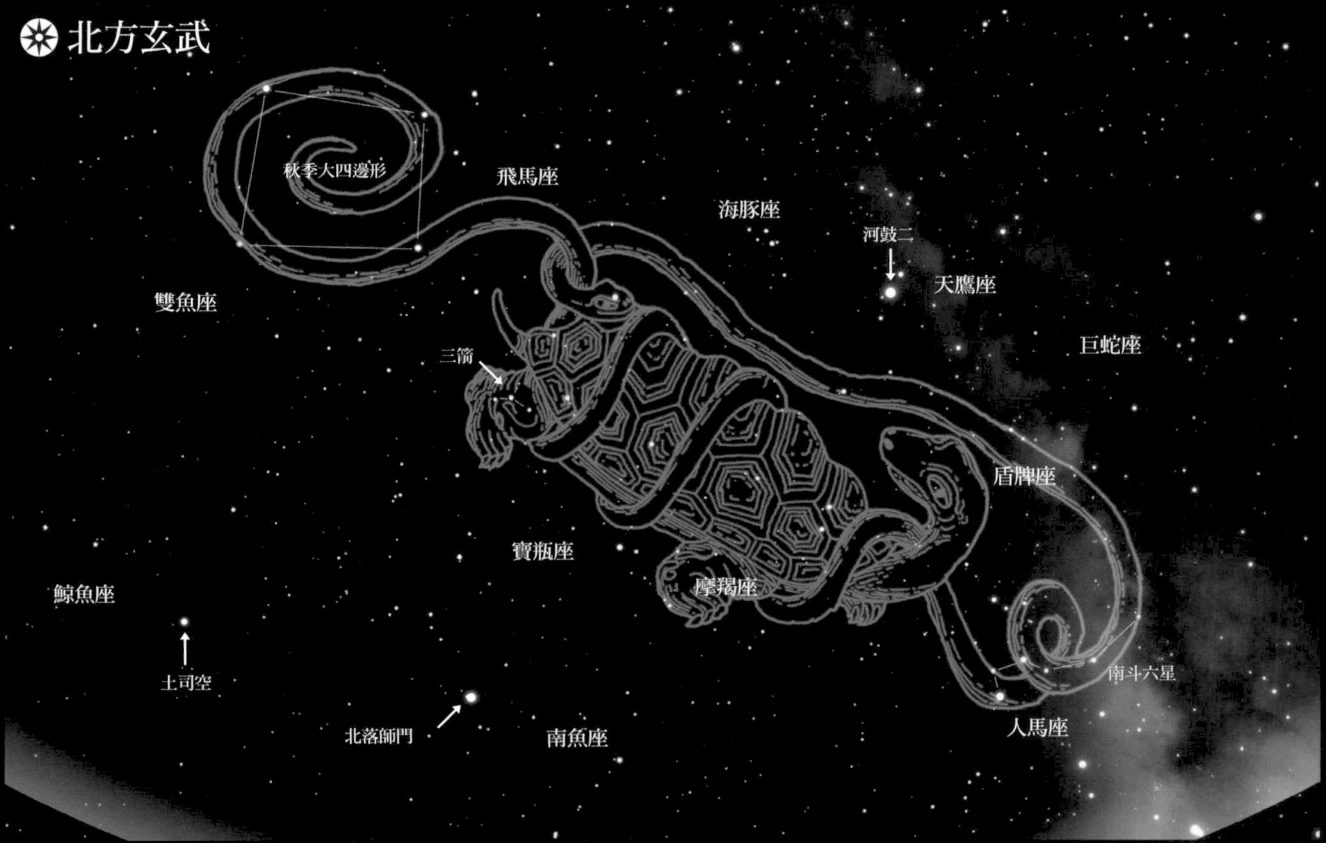
秋季大四邊形
飛馬座
海豚座
河鼓二
天鷹座
巨蛇座
雙魚座
三箭
盾牌座
寶瓶座
摩羯座
鯨魚座
土司空
北落師門
南魚座
南斗六星
人馬座

9月20日左右 21時 以正南方為中心的天空

西方白虎

秋季大四邊形

飛馬座

仙女座

白羊座

鯨魚座

土司空

英仙座

昴星

金牛座

御夫座

畢宿五

雙子座

參宿四

參宿七

獵戶座

天狼星

大犬座

埃及的星座

四大文明發祥地之一的埃及也產生了特有的眾神，並創造出獨自的星座與神話。

特別是相信生命永存、靈魂不滅，死亡只是嶄新人生的開始，屆時將與神祇融為一體，生活在樂園之中。所以對於會建造金字塔、製作木乃伊的古埃及人而言，位在北天之中，無論位置隨著時間與季節如何變化，都不會沉入地平線下的拱極星是十分特殊的存在，還將它們稱作「不知滅亡之物」，並相信在這些星星以「北」之處存在著永恆。西元前1300年左右建造的賽提一世之墓，其天花板上描繪的北方天空星座圖裡頭，即繪有背負著鱷魚的河馬（塔沃里特女神的形象）星座、頭部是老鷹的男性（荷魯斯神）星座、鱷魚形態的星座等埃及特有的星座形貌。

而後，起源於巴比倫、希臘的星座漸漸傳入，到了西元前1世紀，於丹德拉（dendera）建造的哈索爾神殿天球圖之中，就描繪了白羊座、金牛座、天秤座、天蠍座、摩羯座等由古希臘傳來的幾個黃道12星座，不過其他星座則是用埃及風格描繪而成，比方說寶瓶座就變成洪水女神哈碧拿著兩個花瓶不斷湧出水流的形象。

座落在埃及吉薩的斯芬克斯與金字塔

在此稍微介紹一下與埃及星星有關的故事。

古埃及人對大犬座天狼星（稱為索提斯Sothis，後來演變成視同伊西絲女神）特別重視是眾所皆知的。因為當天狼星在日出之前出現於東方天空之際，他們就曉得不久後尼羅河將會氾濫，大洪水襲擊城鄉、村落，河水帶來的肥沃土壤則會留在土地上，讓人類栽培出豐收的農作物，這就是支撐著埃及文明的基礎。

另外，由於冬季星座獵戶座的模樣十分醒目，所以各個國家常將它看作英雄或神祇的身影，而在埃及則認為那看起來是歐西里斯神的模樣。

歐西里斯是太陽神拉與天空女神努特所生，降臨地面成為埃及的國王。歐西里斯教導人們如何栽培大麥、小麥和葡萄，進行灌溉水路的規劃與整頓，尊崇律法、告訴人們必須敬畏諸神，成為人人敬仰的典範。

但是歐西里斯的弟弟賽特忌妒歐西里斯，趁歐西里斯在邊境地區教導農耕、遠離王都的時候篡奪大權，並暗殺了回城的歐西里斯，還將遺體投入尼羅河裡。歐西里斯的妻子伊西絲找到了他的遺體，想要藉由魔法的力量讓他復活，可是因為有一部分身體不見了，所以他無法在人世間復活，變成了死者之國的王。

從此以後，歐西里斯不僅是豐收之神，也是死者之國的國王，成為永

天空女神努特，下方橫躺的是大地之神蓋伯，支撐著努特的是大氣之神舒

恆生命的象徵。埃及法老王死後升天
會化成獵戶座，與歐西里斯神合為一
體。後來因為他們覺得一般人之中的
行善者也會在死後復甦，與歐西里斯
神融合，於是歐西里斯神變得更受歡
迎了。

　　此外，伊西絲女神化成了室女
座。

昂宿星團則被稱作哈索爾之星。
哈索爾通常會被描繪成一頭公牛，頭
頂上的雙角之間嵌有象徵太陽的圓
盤，或是角上帶著太陽圓盤的女神。

　　她是古埃及的豐收女神、孕婦的
保護者，也是死者接受歐西里斯神審
判之前，負責滋養死者的女神，還被
當作是能預言小孩命運的女神。傳說

上／展開雙翼的伊西絲女神，此為西元前1360年前後描繪的壁畫
左／壁畫上畫著歐西里斯（左）、阿努比斯（中央）、荷魯斯（右）

埃及法老賽提一世的墓室天花板上描繪的星座圖 呈現北天的星座

哈索爾女神會在孩子出生後化身成七個樣貌（七位哈索爾）造訪孩子所在之處，為那孩子的命運做出預言，因此代表那七位哈索爾的星就是昴宿星團。

　　哈索爾女神是太陽神拉的女兒，也是眾神之王荷魯斯的妻子，很受古埃及人的歡迎。據說如果法老是荷魯斯的化身，那麼埃及王妃就是哈索爾女神的化身。

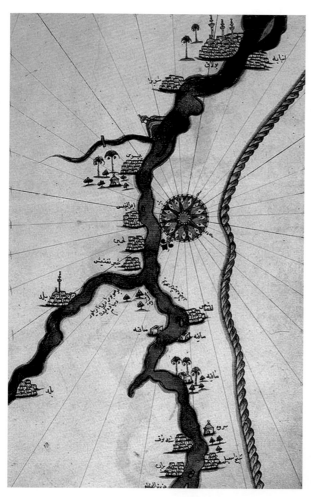

1500年左右，鄂圖曼土耳其的皮里‧雷斯提督製作的地圖上描繪的尼羅河

印加的星座

從13世紀開始到1533年被西班牙皮薩羅滅亡為止，印加帝國興盛於南美洲秘魯、玻利維亞、厄瓜多爾附近。他們擁有高超的土木技術，最有名的就是做好的石材建物隙縫，連一片薄薄的剃刀都無法穿過。據說在秘魯發生大地震的時候，由西班牙人新造的住宅盡皆倒塌、破損，但印加遺跡卻是絲毫不動。遺憾的是印加並未留下文字，我們只能從身為征服者的西班牙人所留下的書籍或口傳事蹟來了解印加帝國時代的資訊。

印加同樣擁有獨自的神話和星座。他們似乎格外重視金星與昴宿星團。不同於其他國家將星星串連起來以便建構星座，印加的星座是將銀河的光亮看成背景，從黑色領域（暗黑帶）發掘出各種動物身影。順帶一提，在印加，銀河叫作「mayu*」，暗黑帶的部分則叫作「yana phuyu（意思是黑色的雲）」。

右頁圖是7、8月時期在庫斯科看見的銀河模樣，並由庫斯科的藝術家米格爾・阿朗素・卡塔赫納繪製而

＊西班牙語拼法。

建築在險峻山上的印加遺跡馬丘比丘。過去曾經主張它是印加的要塞都市，但現在則因為其中包含著神殿群，而認為那有可能是宗教聖地或王族的避暑地

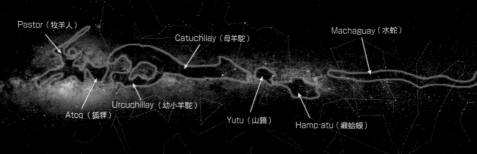

Pastor（牧羊人）

Catuchllay（母羊駝）

Machaguay（水蛇）

Atoq（狐狸）

Urcuchillay（幼小羊駝）

Yutu（山鶉）

Hamp'atu（癩蛤蟆）

銀河與印加人的星座

根據推測，印加人會將銀河當中的黑色區塊（暗黑帶）看成動物之類的模樣。

這裡顯示的畫面是在南半球的南緯10度附近，南天之中升起的銀河全景。左起人馬座、天蠍座，通過中央附近的南十字座，再到右邊大犬座。

下方的畫面則是在同樣的圖像裡，以粉紅色將我們慣用的星座骨架連起來，印加星座則用藍線標示。

從左至右可以見到牧羊人、狐狸（Atoq）、母羊駝與顛倒的小羊駝（Catuchllay和Urcuchillay）。母羊駝眼睛的位置閃爍著兩顆星，這兩顆星被確認是半人馬座的α星和β星。

再右邊則是山鶉（Yutu）、癩蛤蟆（Hamp'atu）、水蛇（Machaguay）。

成。這時期可以看見印加崇拜的大部分星座。

　　在銀河的暗黑帶部分，有名為Machaguay的巨大水蛇、癩蛤蟆Hamp'atu、山鶉Yutu、母羊駝和姿勢顛倒的幼小羊駝Catuchllay和Urcuchillay、Atoq狐狸。據說一些部族會把狐狸的部分畫成手臂伸向羊駝

所在處的牧羊人，也就是牧羊人的腳與狐狸的後腿合為一體。

　　在印加，人們相信只要尊崇這些動物星座，就可以讓牠們多多繁育後代、獲得豐沛的食料。而水蛇星座則被當作所有蛇類的化身，尊崇牠可以避免蛇類引起的災厄。

印加的宇宙觀

印加的世界觀將世界分成三層。神鷹守護的天上世界Hanan Pacha，美洲獅看顧的地上世界Kai Pacha，還有由蛇保衛的地下世界Uku Pacha。

這張畫在黃金上面的著名畫像，是照著印加首都庫斯科最重要的寺院——太陽神殿（Qorikancha）壁面上的圖畫繪製而成的產物，堪稱數張同樣的圖裡最為精巧的一張。原始版本是由黃金製成，所以當征服印加帝國的西班牙人皮薩羅抵達時便將其剝下帶走，不過因為有好幾個西班牙人留下了原始版本的素描草圖，所以現在得以復原。但由於印加沒有文字，所以這些圖裡到底蘊含了哪些意思，記錄者、研究者們眾說紛紜。

右列與左列以左右對稱的模式描繪著各式各樣的要素，有個說法指稱左邊代表男性、右邊則代表女性要素。

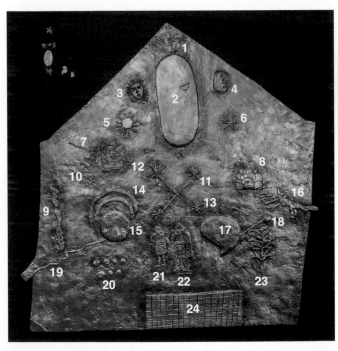

印加的宇宙觀

一般認為照著太陽神殿（Qorikancha）黃金壁畫所描繪下來的圖裡，表現出了印加的宇宙觀。這是根據當時的素描復原的作品。在被西班牙人征服之後，它裝飾在利用太陽神殿的一部分為基礎做成的聖多明哥教堂中。圖案的解釋則如同下列解說。

天上世界　1：根據推測，縱向排列的三點光芒是獵戶座的三顆星，左邊是參宿四，右邊是參宿七。2：創造世界的神維拉科查 3：太陽 4：月亮 5：破曉的金星 6：傍晚的金星
地上世界　7：昴宿星團 8：雲、霜、雨…收穫的季節 9：雷雨和閃電之神…從銀河往地面倒水的神祇 10：不明 11：橋（不清楚指的是什麼）12及13有可能是後期加上去的。也有研究者將11、12、13看作南十字星。14：彩虹——印加帝國王室的徽記 15：大地母親…瑪瑪帕查女神 16：黃金貓…神話中的生物？17：海洋母親（可能是太平洋或是的的喀喀湖）瑪瑪科恰女神 18：溫泉…對印加而言是聖地
地下世界　19：河…冥河？20：萬事萬物之眼…發芽的種子？21與22：印加皇帝與妃子 23：祖先之木 24：穀物儲藏庫

星座神話
資料

本章統整前文所介紹的希臘神話中
登場的諸神系譜與職掌、
神話故事裡出現的地理相關資料，
以及全天88星座的資訊。

本書收錄的星座神話地圖

法國
● 都德的《繁星》▶P143

俄羅斯
● 真心之星──北斗七星 ▶P134
● 鳥之道──銀河 ▶P137

希臘
● 希臘神話

中國
● 七夕物語 ▶P68-69
● 守護四方的星座 ▶P144-149

巴比倫地區
● 天上的幼發拉底河
　　──銀河 ▶P137

印度
● 天上的恆河
　　──銀河 ▶P137

埃及
● 途中撒落的麥穗──銀河 ▶P137
● 天上的尼羅河──銀河 ▶P137
● 埃及的星座 ▶P150～153

泰國
● 豬之路──銀河 ▶P137

　　現在我們所使用的星座，半數以上是在古希臘時代整理完成，超越時代的侷限所延續下來的。本書就是以這些和星座有關的希臘神話為中心進行介紹。

　　除了希臘神話以外，世界各地還流傳著當地的特殊星座以及相關的神話故事，本書也曾稍加介紹。

日本
- 西春坊之星──老人星 ▶P135
- 魂歸天國之道──銀河 ▶P137
- 星星落下的池塘 ▶P139〜143

美國
- 長尾巴的理由──大熊座
　▶P20〜21

澳洲
- 雨和雲的精靈瓦拉甘達──銀河 ▶P137

印加
- 印加星座 ▶P154〜156

紐西蘭
- 釣起島嶼的茂伊──天蠍座
　▶P136

希臘神話的諸神系譜

塗成褐色的四方形代表奧林帕斯12神，是希臘神話中最為重要，而且會在各種神話故事裡登場的神。

還有，兩條線代表婚姻關係，一條線則代表親子關係。親子關係上方是父母親，下方是子女。

黑字是男性神祇，紅字是女性神祇。

＊1宙斯是瑞亞女神和克羅諾斯神生下的孩子，他與眾多女神結合，並成為眾多主要神祇之父。

＊2蓋亞女神與其子烏拉諾斯結合，因此系譜裡會出現兩次名字。

（注意）系譜左右並非對應兄弟姊妹的上下排序。另外，眾神的親子、兄妹關係眾說紛紜，所以此處遵循的是「赫西俄德的神譜」。

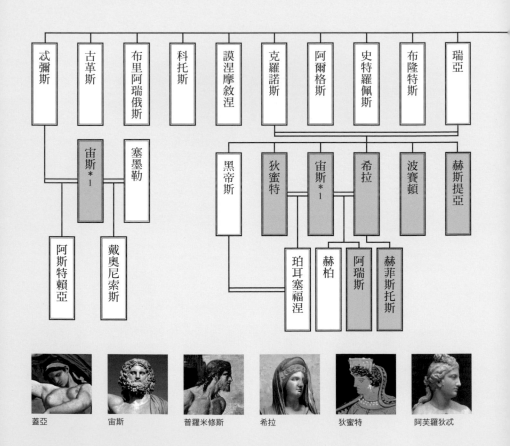

蓋亞　　宙斯　　普羅米修斯　　希拉　　狄蜜特　　阿芙羅狄忒

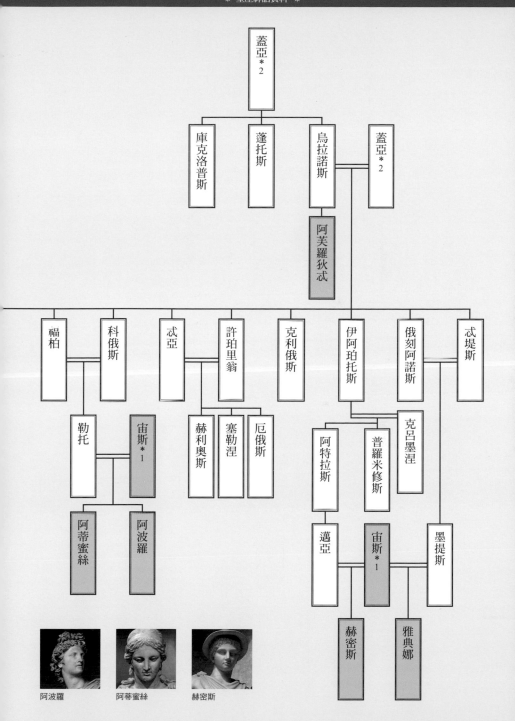

阿波羅　　　阿蒂蜜絲　　　赫密斯

希臘神話的人物關係圖

1 在英仙座／仙女座（p88）、武仙座（p50）故事中登場的眾神及人類關係圖

2 在金牛座、北冕座故事中登場的眾神及人類關係圖

3 在人馬座（p70）、蛇夫座（p58）、阿爾戈號的冒險（p131）故事中登場的凱隆系譜

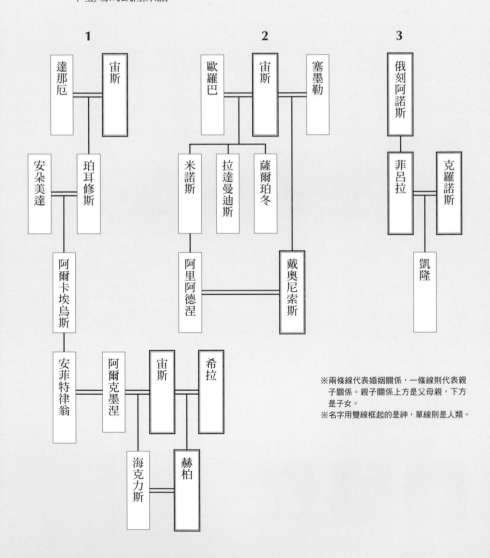

※兩條線代表婚姻關係，一條線則代表親子關係。親子關係上方是父母親，下方是子女。

※名字用雙線框起的是神，單線則是人類。

希臘神話裡登場的諸神職掌

奧林帕斯12主神

宙斯	眾神之王、雷神、天空之神
希拉	婚姻女神、主婦女神、母性女神
雅典娜	智慧女神
阿波羅	太陽神、醫學之神、預言之神、音樂之神
阿蒂蜜絲	月亮女神、狩獵女神
阿芙羅狄忒	愛與美之女神
波賽頓	海神
狄蜜特	農業女神
赫密斯	商業之神、傳信之神
赫菲斯托斯	鍛冶之神
赫斯提亞	爐灶女神、家庭生活女神
阿瑞斯	戰神

其他神祇

赫利奧斯	太陽神
克羅諾斯	時間之神
戴奧尼索斯	酒神
黑帝斯	冥界之王
俄刻阿諾斯	大洋之神
阿斯特賴亞	正義女神
蓋亞	大地女神
赫柏	青春女神
卡利俄佩	詩歌女神繆斯其中一人
瑞亞	大地女神
珀耳塞福涅	冥界王妃
厄洛斯	愛神
潘恩	牧羊人之神、山野之神
拉頓河神	拉頓河之神
謬斯	詩歌女神們
德塞特	豐收女神
普羅米修斯	先知先覺、先見之明的神、創造人類的神
阿特拉斯	月神

寧芙

尤麗提西	森林之木的寧芙
安菲特里忒	海之寧芙、海之女王
卡麗絲托	阿蒂蜜絲女神的侍女
菲呂拉	海之寧芙
邁亞	普勒阿得斯七姊妹之一、阿蒂蜜絲女神的侍女

埃及神話裡登場的諸神職掌

伊西絲	眾神之王荷魯斯之母
歐西里斯	豐收之神、死者之國的王
拉	太陽神
哈索爾	豐收女神
努特	天空女神
蓋伯	大地之神
舒	大氣之神
荷魯斯	眾神之王

印加神話裡登場的諸神職掌

瑪瑪帕查	大地女神
瑪瑪科恰	海之女神
維拉科查	世界的創造神

諸神系譜中登場的其他眾神

蓬托斯	海神
科俄斯	水星之神
克利俄斯	火星之神
許珀里翁	太陽之神
伊阿珀托斯	（不明）
忒亞	太陽之女神
忒彌斯	法律女神
謨涅摩敘涅	記憶女神
福柏	月之女神
忒堤斯	金星之神
布隆特斯	獨眼巨人，庫克洛普斯之一，優秀的工匠
史特羅佩斯	獨眼巨人，庫克洛普斯之一，優秀的工匠
阿爾格斯	獨眼巨人，庫克洛普斯之一，優秀的工匠
科托斯	擁有100條手臂的巨人
布里阿瑞俄斯	擁有100條手臂的巨人
古革斯	擁有100條手臂的巨人
塞墨勒	月之女神
墨提斯	水星之女神
勒托	（不明）

※眾神的名字有好幾種說法，譬如本書裡寫的是希拉女神，但其他有些則記載為赫拉。

※「奧林帕斯12主神」、「其他神祇」、「寧芙」，每一位都是本書的星座神話故事裡登場過的希臘神話神。

※「諸神系譜中登場的其他眾神」則是未曾在本書的星座神話故事裡出現，但列入P160～161的希臘各神。

希臘神話的地理

　　古希臘文明起源於西元前2600年前後，主要位於現今的土耳其和愛琴海等地，十分繁榮昌盛。此處形成了一個都市即是一個國家的「城邦國家」形態，據說一個城邦裡有數十萬人生活其中。

　　希臘人在希臘、義大利各地建構了眾多城邦國家，再加上能以船隻航行於地中海，因此不僅從黑海沿岸到非洲的埃及，就連利比亞、突尼西亞的地中海沿岸，乃至西班牙、法國的地中海沿岸，都建設了城邦國家與殖民地。

　　不過，雖然星座神話故事裡出現了不少地名，但對身為現代人的我們來說卻很難一看就懂。此頁地圖所顯示的地名和名稱都不是現在的地名，而是古希臘時代城邦國家的位置、名稱還有地區的名字，是星座神話故事裡出現過的地名。我們可以藉此得知古希臘人究竟是在多大的世界裡移動。

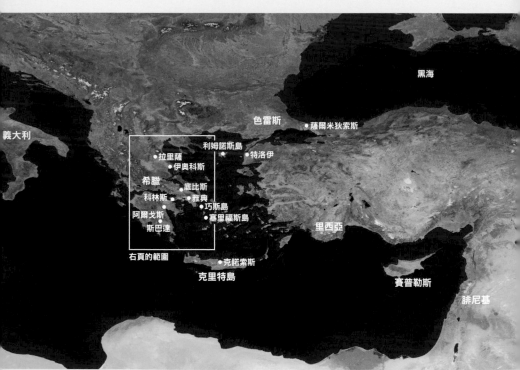

古希臘人以希臘為中心所活躍的地中海、黑海沿岸地圖

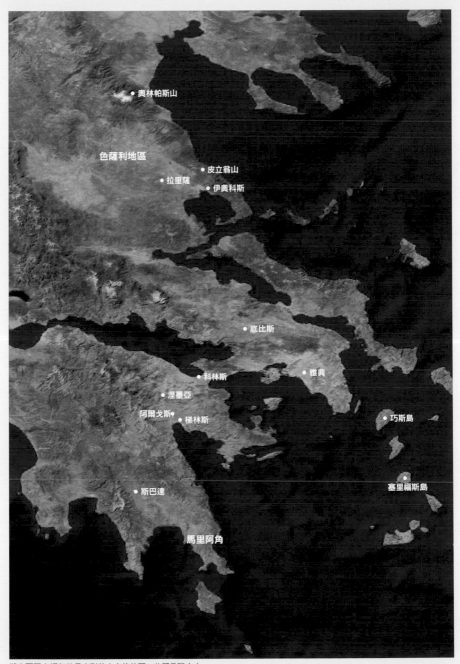

將左頁圖中框起的長方形放大之後的圖。此即希臘本土

希臘神話的地理

　　直到現代，地中海週邊仍然大量留存著希臘時代的遺跡，這些遺跡可以大大地幫助我們想像古希臘的形象，沉浸在神話世界的氛圍中。

左上／位在雅典中心的雅典衛城之丘。在御夫座的神話故事裡，它是雅典公主阿伽勞洛斯跳下自殺的場所。
左下／從西方眺望奧林帕斯山。它是標高2900m以上的陰峻高山，也是希臘的最高峰，被視為眾神所在之地。
右上／祭祀雅典娜女神的帕德嫩神廟。雅典娜女神在希臘神話中被尊奉為智慧女神，許多神話故事裡都可見到她。
右下／在英仙座的神話故事裡，被關在木箱中、放逐海上的阿爾戈斯公主達那厄與嬰兒珀耳修斯，最後漂流到這座塞里福斯島。

星座列表

星座名	學名	簡寫	面積 （平方度）	季節	刊載頁數
仙女座	Andromeda	And	722	秋	90
獨角獸座（麒麟）	Monoceros	Mon	482	冬	118
人馬座（射手）	Sagittarius	Sgr	867	夏	70
海豚座	Delphinus	Del	189	夏	66
印第安座	Indus	Ind	294	南天	-
雙魚座	Pisces	Psc	889	秋	86
天兔座	Lepus	Lep	290	冬	114
牧夫座	Bootes	Boo	907	春	30、130
長蛇座	Hydra	Hya	1303	春	38
波江座	Eridanus	Eri	1138	冬・南天	128
金牛座	Taurus	Tau	797	冬	110、130
大犬座	Canis Major	CMa	380	冬	118
豺狼座	Lupus	Lup	334	南天	-
大熊座	Ursa Major	UMa	1280	春	18
室女座	Virgo	Vir	1294	春	34
白羊座	Aries	Ari	441	秋	98
獵戶座	Orion	Ori	594	冬	114
繪架座	Pictor	Pic	247	南天	-
仙后座	Cassiopeia	Cas	598	秋	-
劍魚座	Dorado	Dor	179	南天	-
巨蟹座	Cancer	Cnc	506	春	22
后髮座	Coma Berenices	Com	386	春	30
蜈蚣座（變色龍）	Chamaeleon	Cha	132	南天	-
烏鴉座	Corvus	Crv	184	春	38
北冕座	Corona Borealis	CrB	179	春	50
杜鵑座	Tucana	Tuc	295	南天	-
御夫座	Auriga	Aur	657	冬	106
鹿豹座	Camelopardalis	Cam	757	冬	-
孔雀座	Pavo	Pav	378	南天	-
鯨魚座	Cetus	Cet	1231	秋	94

星座列表

星座名	學名	簡寫	面積 （平方度）	季節	刊載頁數
仙王座	Cepheus	Cep	588	秋	-
半人馬座	Centaurus	Cen	1060	春・南天	-
顯微鏡座	Microscopium	Mic	210	秋	-
小犬座	Canis Minor	CMi	183	冬	118
小馬座	Equuleus	Equ	72	秋	-
狐狸座	Vulpecula	Vul	268	夏	129
小熊座	Ursa Minor	UMi	256	春	-
小獅座	Leo Minor	LMi	232	春	-
巨爵座	Crater	Crt	282	春	38
天琴座	Lyra	Lyr	286	夏	54
圓規座	Circinus	Cir	93	南天	-
天壇座	Ara	Ara	237	南天	-
天蠍座	Scorpius	Sco	497	夏	62
三角座	Triangulum	Tri	132	秋	-
獅子座	Leo	Leo	947	春	26
矩尺座	Norma	Nor	165	南天	-
盾牌座	Scutum	Sct	109	夏	-
雕具座	Caelum	Cae	125	南天	-
玉夫座	Sculptor	Scl	475	秋	-
天鶴座	Grus	Gru	366	秋・南天	-
山案座	Mensa	Men	153	南天	-
天秤座	Libra	Lib	538	夏	62
蠍虎座	Lacerta	Lac	201	秋	-
時鐘座	Horologium	Hor	249	南天	-
飛魚座	Volans	Vol	141	南天	-
船尾座	Puppis	Pup	673	冬	-
蒼蠅座	Musca	Mus	138	南天	-
天鵝座	Cygnus	Cyg	804	夏	54
南極座（八分儀）	Octans	Oct	291	南天	-
天鴿座	Columba	Col	270	冬	-

星座列表

星座名	學名	簡寫	面積 （平方度）	季節	刊載頁數
天燕座	**Apus**	**Aps**	206	南天	-
雙子座	**Gemini**	**Gem**	514	冬	122
飛馬座	**Pegasus**	**Peg**	1121	秋	82
巨蛇座（頭部） 巨蛇座（尾部）	**Serpens**	**Ser**	428 208	夏	58
蛇夫座	**Ophiuchus**	**Oph**	948	夏	58
武仙座	**Hercules**	**Her**	1225	夏	50
英仙座	**Perseus**	**Per**	615	秋	90
船帆座	**Vela**	**Vel**	500	南天	-
望遠鏡座	**Telescopium**	**Tel**	252	南天	-
鳳凰座	**Phoenix**	**Phe**	469	秋・南天	-
唧筒座	**Antlia**	**Ant**	239	春	-
寶瓶座	**Aquarius**	**Aqr**	980	秋	78
水蛇座	**Hydrus**	**Hyi**	243	南天	-
南十字座	**Crux**	**Cru**	68	南天	-
南魚座	**Piscis Austrinus**	**PsA**	245	秋	129
南冕座	**Corona Austrina**	**CrA**	128	夏	-
南三角座	**Triangulum Australe**	**TrA**	110	南天	-
天箭座	**Sagitta**	**Sge**	80	夏	129
摩羯座	**Capricornus**	**Cap**	414	秋	78
天貓座	**Lynx**	**Lyn**	545	春	-
羅盤座	**Pyxis**	**Pyx**	221	冬	-
天龍座	**Draco**	**Dra**	1083	夏	46
船底座	**Carina**	**Car**	494	南天	-
獵犬座	**Canes Venatici**	**CVn**	465	春	-
網罟座	**Reticulum**	**Ret**	114	南天	-
天爐座	**Fornax**	**For**	398	秋	-
六分儀座	**Sextans**	**Sex**	314	春	-
天鷹座	**Aquila**	**Aql**	652	夏	66

✳ 索引 ✳

英數

28星宿·······················145
Alcor························141
Atoq·························155
Catuchllay····················155
Hamp'atu·····················155
Hanan Pacha··················156
Kai Pacha····················156
M44··························25
Machaguay····················155
Mayu·························154
Uku Pacha····················156
Urcuchillay···················155
Yana phuyu···················154

2劃

十二項冒險任務············40·48·52
人馬座····················12·13·44·
70·71·72·73·74·77·79·146·148·155·162
人馬宮························13
九卿·························145
七夕····················45·54·68·158
七位哈索爾····················153

3劃

大角星·······8·16·17·27·31·34·144·146
大陵五························91
大犬座
104·105·118·119·120·126·135·139·140·
147·149·151·155
大熊座········8·16·18·19·20·21·33·159
大火·························62
大航海時代·····················9
大宰府·······················145
小犬座··········105·118·119·121·147
小馬座························168
小熊座·······················33·45
小獅座·························9
三星·········104·105·115·141·156
三箭·····················77·79·148
三匹馬星····················141·142
山案座·························10
土司空··········76·77·95·102·148·149

4劃

心宿二·················44·45·62·63·146

厄律提亞島·····················52
厄律曼托斯山····················52
厄洛斯·····················89·163
厄里戈涅······················121
厄瓜多爾······················154
巨爵座··········17·38·39·40·41·121
巨蟹座····12·13·17·22·23·24·25·39·40·50·147
巨蟹宮························13
巨蛇座········44·45·58·59·60·61·146
中國··········23·62·68·144·145·158
中國的星座·················144·145
五帝座一·················17·27·31
五車二·················105·106·107
丹德拉·······················150
尤麗提西···················56·57·163
天鶴座·······················129
天琴座····44·45·46·54·55·56·57·68·124·132
天津四·····················44·45·55
天蠍座
12·13·44·45·58·59·62·63·65·70·71·74·
136·144·146·150·155·159
天蠍宮·····················13
天帝·························68
天球圖·······················150
天上的獵人座···················114
天上的恆河·················137·158
天上的尼羅河················137·158
天上的幼發拉底河··············137·158
天秤座
13·39·44·45·62·63·64·65·146·150
天秤宮·······················13
天鵝座···········44·45·54·55·57
天鴿座·························9
天兔座·············104·114·115·117
天鷹座·····11·44·45·66·67·68·74·148
天燕座·························9
天箭座·······················129
天貓座·························9
天龍座·········11·45·46·47·48·49·50
天宮圖························12
天狼星···8·104·105·118·119·125·139·141·
143·147·149·151
太陽神殿 (Qorikancha)············156
太子·························145
卡西奧佩婭···················96·97
卡斯托爾／北河二
57·122·123·124·125·132·147
卡利俄佩···················56·163
卡麗絲托·················21·33·130·163
卡戎·······················56·57
日本
54·62·66·135·137·139·144·145·159
日晷座·························10
夫婦星························34
牛郎星·····················45·66·68

尤利烏斯‧凱撒 ················· 62
巴比倫帝國 ······· 7‧12‧18‧26‧58‧66‧86‧90‧
94‧98‧100‧106‧118‧122‧137‧150‧158
巴比倫 ·················· 90‧122
巴丘斯 ·················· 9‧118
六分儀座 ······················ 9

5劃

兄弟星 ·················· 112‧122
仙女座大銀河 ·············· 87‧91
仙女座 ··················
76‧82‧90‧91‧93‧96‧97‧99‧144‧149
仙王座 ·················· 47‧77
仙后座 ·················· 76‧77
仙饌密酒 ······················ 81
白羊座 ······ 13‧98‧99‧100‧101‧133‧149‧150
白羊宮 ······················ 13
白虎 ·················· 144‧145‧156
甘露 ······················ 81
巧斯島 ·················· 116‧164
北冕座 ·············· 45‧50‧51‧53‧162
北落師門 ·············· 77‧79‧102‧148
北斗七星 ······ 16‧17‧18‧19‧42‧47‧71‧134‧
141‧142‧158
北極星 ·················· 45‧46‧47‧77
北方七宿 ······················ 145
冬季大三角 ············ 104‧105‧118‧119
占星術（占星）··········· 7‧12‧13‧98
四神 ······················ 144
四靈獸 ······················ 144
四分儀座 ······················ 11
尼羅河 ············ 80‧88‧137‧151‧153
尼尼微 ······················ 12
古希臘 · 7‧25‧35‧55‧59‧94‧110‧133‧150‧
159‧164‧166
半人馬 ·············· 72‧73‧101‧131
半人馬座 ·············· 129‧146‧155
玄武 ·············· 144‧145‧148
皮薩羅 ·················· 154‧156
皮立翁山 ·················· 61‧72
布立特星圖 ··· 11‧25‧29‧37‧61‧72‧89‧96‧
109‧113‧120‧125
奶水之路 ······················ 136
瓦拉甘達 ·················· 137‧159

6劃

至福樂土 ······················ 113
安努 ······················ 106
安菲特里忒 ·············· 69‧96‧163
安提諾座 ······················ 11
安朵美達 ············ 90‧91‧93‧96‧97
伊阿宋 ············ 101‧124‧131‧132‧133
伊卡里俄斯（斯巴達王）··········· 57

伊達斯 ·················· 124‧125
伊諾 ······················ 100
伊奧勞斯 ·············· 24‧40‧41
伊奧科斯 ············ 101‧131‧133‧164‧165
伊卡里俄斯（雅典王）··········· 41‧121
伊西絲 ············ 32‧33‧137‧151‧152‧163
伊利亞特 ·················· 8‧30
印加 ············ 154‧155‧156‧159‧163
印度 ······················ 137
衣索匹亞 ······ 75‧76‧90‧93‧96‧97‧98
米諾斯 ·············· 113‧120‧162
后髮座 ······ 16‧17‧30‧31‧32‧33‧42‧147
老人星 ·················· 135‧159
朱雀 ·················· 144‧145‧147
西班牙 ·················· 154‧155‧156
西春坊 ·················· 135‧159
西方七宿 ······················ 145
西瑞克斯 ······················ 80
西西里島 ·············· 68‧89‧132
死者之國 ············ 37‧56‧151‧153‧163
色薩利 ············ 60‧100‧129‧131‧165
色雷斯 ·················· 89‧164
色雷斯王 ······················ 56
托勒密48星座 ············ 8‧9‧18‧
22‧26‧30‧34‧38‧46‧50‧54‧58‧62‧66‧
70‧78‧82‧86‧90‧98‧106‧110‧114‧
118‧122‧131
地獄犬座 ······················ 10

7劃

阿里翁 ·················· 68‧69
阿伽勞洛斯 ·············· 108‧109‧166
阿克里西俄斯 ·············· 92‧93
阿斯克勒庇厄斯 ·············· 60‧61‧72‧129
阿斯克雷皮翁 ······················ 61
阿斯泰里奧斯王 ······················ 113
阿斯特賴亞 ············ 35‧64‧160‧163
阿塔瑪斯 ······················ 100
阿特拉斯 ············ 48‧49‧130‧161‧163
阿特拉斯山脈 ······················ 69
阿芙羅狄忒 ············ 89‧129‧160‧161‧163
阿波羅 ··················
41‧52‧56‧57‧60‧61‧72‧88‧89‧117‧129‧
161‧163
阿瑪爾忒婭 ·················· 80‧81
阿彌墨涅湖沼 ·············· 24‧40‧52
阿拉托斯 ······················ 8
阿里阿德涅 ·················· 53‧162
阿魯卡諾 ·················· 33‧130
阿爾克墨涅 ·················· 52‧136‧137
阿爾戈斯 ············ 52‧96‧97‧136‧164‧
165‧166
阿爾戈號 ··· 10‧101‧131‧132‧133‧162
阿瑞斯 ······················ 89

阿蒂蜜絲····21·61·72·89·116·117·130·161·163
伽倪墨得斯···············66·68·81
廷達瑞俄斯·····················57
狄俄墨得斯·····················52
狄蜜特··········35·36·37·160·163
角宿一········16·27·31·34·35·144·146
弎斯提俄斯王·····················57
弎修斯·····················53
努特···················151·163
克呂泰涅斯特拉·····················57
克里特王···············110·120
克里特島····52·53·113·116·133·164
克瑞透斯···················131
克羅諾斯····72·80·130·160·162·163
克甫斯···················96·97
希帕求斯············8·9·13·98
希波呂弎·····················52
希拉··20·21·25·29·33·41·48·49·52·53·
81·88·136·137·160·162·163
佛里克索斯···············101·131
貝勒尼基·················32·33
呂基亞···················113
里西亞···············84·85·164
利姆諾斯島···············116·164

8劃

亞述巴尼拔王·····················12
亞述··········7·12·32·70·80·114
河鼓二········44·45·66·67·68·74·148
牧夫座····16·17·21·27·30·31·32·33·34·42·
51·130·144
長蛇座··17·38·39·40·41·50·73·144·145·
147
金牛座··12·13·95·104·105·110·111·112·113·
126·149·150·162
金牛宮·····················13
金星···················154
奇美拉·····················85
宙斯··········20·21·25·28·33·36·
37·49·52·57·61·64·68·72·73·80·81·84·
85·88·89·92·97·100·101·109·112·113·
117·120·124·125·129·130·132·136·137·
160·161·162
坦塔羅斯···················129
青龍···············144·145·146
迪亞馬特···············94·96·97
東方七宿···················145
底比斯·················52·120
刻律涅·····················52
刻耳柏洛斯·················52·56
佩瑞涅泉·····················85
佩拉···················129
物象·····················8
法老···················152·153

法厄同···············128·129
法國········9·10·131·143·158·164
武仙座··29·44·45·50·51·52·53·132·162
波德星圖····18·22·26·30·34·
38·46·50·54·58·62·66·70·78·82·90·
94·98·106·110·114·118·122
波賽頓····52·65·68·69·96·97·
108·116·117·133·160·163
波江···················129
波江座···········104·128·129
波尼亞托夫斯基的金牛座·····················11
波呂得克忒斯·····················92
波魯克斯／北河三········57·122·123·
124·125·132·147
拉（太陽神）···············151·153
拉里薩···············93·164·165
拉卡伊·················10·131
拉達曼迪斯···············113·162
拉頓河·················80·163
拉冬·················48·49
林叩斯···············124·125

9劃

秋季大四邊形···········76·82·148·149
美國印地安人·····················20
美索不達米亞········7·12·18·20·78·94·144
美狄亞···············41·101·133
美杜莎····61·85·90·92·97·130
俄羅斯········81·134·137·158
俄刻阿諾斯···········33·161·162·163
俄里翁··65·104·105·114·116·117·120·130
室女座··12·13·16·17·27·31·34·35·36·37·
39·42·144·146·147·152
室女宮·····················13
拱極星···················150
革律翁·····················52
春分點·············13·86·98
春分日·····················86
春季大曲線·················16·17
春季大三角········16·17·27·31·42
矩尺座·····················10
昴星········99·110·111·115·130·149
昴宿星團····8·110·111·130·152·153·154·156
盾牌座·············9·146·148
都德···············143·158
查爾斯橡樹座·····················10
南斗六星···········44·71·146·148
南方七宿···················145
南河三···········104·105·118·119·147
南美洲···················154
南十字座·················9·155
南魚座····77·78·79·102·129·148
科林斯·············68·69·84·164·165
科爾基斯········101·124·125·132·133

科洛尼斯 ················· 60・61
狐狸座 ····················· 9
星宿一（Alphard）········· 39・144・147
拜耳 ····················· 9
哈伊莫司山 ················· 89
哈索爾 ················· 152・153・163
哈索爾之星 ················· 152
哈索爾神殿 ················· 150
哈耳庇厄 ················· 132
馬子星 ················· 139・141
馬爾杜克 ·················· 90・106
馬里阿半島 ··············72・73
英仙座 ······· 76・90・91・92・93・149・162・166
珀耳修斯 ·········· 92・93・97・130・166
珀利阿斯 ·········· 101・131・132・133
珀耳塞福涅 ··········· 36・37・160・163
珀伽索斯 ·········· 82・83・84・85・93・97
飛馬座大四邊形 ····· 76・82・83・87・91・95
飛馬座 ··· 75・76・82・83・84・85・144・148・149
柏勒洛豐 ················· 84・85
玻利維亞 ················· 154
茂伊 ················· 136・159

10劃

埃宋 ················· 131・133
埃托利亞 ···················· 57
埃特納火山 ·················· 89
埃皮達魯斯 ·················· 61
埃及 ···········7・32・35・101・137・144・
150・151・152・153・163・164
埃里克托尼奧斯 ············· 108・109
原住民族 ···················· 137
鬼宿三（Asellus Borealis）·······23・25
鬼宿四（Asellus Australis）·······23・25
鬼宿星團 ················· 22・23・25
海豚座 ··········· 44・45・66・67・68・69・148
海犬座 ····················· 118
海克力斯 ················· 24・25・
28・29・40・41・48・49・50・52・53・72・73・81・
129・130・132・136・137・162
海倫 ······················ 57
烏拉爾山脈 ·················· 137
烏拉諾斯 ·········· 129・130・160・161
烏鴉座 ·····················
6・17・38・39・40・41・61・145・146・147
豺狼座 ····················· 146
索提斯 ····················· 151
泰國 ················· 137・158
秘魯 ······················ 154
冥河 ················· 56・156
冥界 ·········· 37・56・57・61・163
時鐘座 ····················· 10
特里同 ····················· 133
特洛伊 ·················· 68・81・164

特洛伊戰爭 ·················· 57
夏季大三角 ············· 45・55・67
納布 ······················ 122
紐西蘭 ················· 136・159
庫斯科 ················· 154・156
庫克洛普斯 ·················· 129
高加索山 ···················· 48
酒醉星 ····················· 145
涅斐勒 ····················· 100
涅墨亞 ············ 28・29・52・165
軒轅十四 ············· 17・27・147

11劃

第谷・布拉赫 ················ 30
畢宿五 ········· 104・105・111・149
畢宿星團 ················· 8・110・111
御夫座 ·· 105・106・107・108・109・126・149・166
御息所 ····················· 145
鹿豹座 ····················· 9
敘姆普勒加得斯之岩 ············ 133
梯林斯 ······· 24・29・48・84・85・165
船尾座 ····················· 10
船帆座 ····················· 10
船底座 ················· 10・135
鳥之道 ················· 137・158
荷米斯 ··· 52・80・81・92・93・137・161・163
荷馬 ··········· 8・10・30・110・114
荷魯斯神 ·········· 150・152・163
許德拉 ··· 24・25・40・41・49・52・73
參宿四 ··· 104・105・115・119・149・156
參宿七 ········· 104・115・149・156
蛇夫座 ·· 13・41・44・45・58・59・60・61・146・162
麥雅 ······················ 33
眼鏡星 ····················· 122
勒達 ················· 57・124

12劃

雅典衛城之丘 ············· 109・166
雅典娜 ··············· 40・52・61・85・89・92・
93・97・108・109・136・137・161・166
雅典 ··· 41・53・107・108・109・120・121・
164・165・166
凱隆 ··· 61・71・72・73・101・129・131・162
達那厄 ·········· 92・97・162・166
斯廷法利斯森林 ··············· 52
斯巴達 ············· 57・124・164・165
提坦族 ················· 25・130
堤豐 ·········· 28・80・88・89
黑帝斯 ·········· 37・57・61・160・163
馴鹿座 ····················· 10
黃道12宮 ············ 12・13・98
黃道12星座 ·· 12・13・22・26・34・58・62・70・78・
86・98・110・122・150

菲紐斯……………………………………132‧133
菲呂拉…………………………………72‧162‧163
腓尼基……………18‧30‧38‧49‧54‧58‧
66‧90‧98‧112‧118‧120‧164
腓特烈榮譽座…………………………………10
普勒俄涅……………………………………130
普勒阿得斯姊妹……………………………130
普羅克里斯…………………………………120
普羅米修斯………………48‧49‧160‧161‧163
萊拉普斯……………………………………120

13劃

奧革阿斯王……………………………………52
奧德賽…………………………………………8‧30
奧林帕斯‧‧53‧64‧81‧85‧88‧130‧137‧160‧
163‧165‧166
奧菲斯……………………………56‧57‧124‧132
獅子座‧‧‧12‧13‧17‧22‧23‧26‧27‧28‧29‧31‧
39‧42‧50‧147
獅子宮…………………………………………13
塞壬…………………………………………133
塞里福斯島…………………92‧93‧164‧165‧166
聖艾爾摩之火………………………………124
塔羅斯………………………………………133
塔木茲………………………………………114
塔沃里特……………………………………150
電氣機械座……………………………………10
圓規座…………………………………………10
福洛斯………………………………………72‧73
瑞亞……………………………72‧80‧130‧160

14劃

銀河………14‧16‧44‧54‧68‧70‧74‧79‧104‧
106‧136‧137‧138‧139‧154‧155‧158‧159
銀河系中心……………………………………70
蓋亞‧‧‧‧48‧65‧88‧108‧129‧130‧160‧161‧163
魂魄的車駕………………………139‧141‧142
瑪依拉………………………………………121
寧芙…………………………………………
20‧21‧33‧48‧56‧69‧72‧80‧96‧108‧113‧130
赫勒…………………………………………101
赫菲斯托斯‧‧‧25‧52‧108‧116‧129‧133‧160‧163
赫柏……………………………81‧160‧162‧163
赫卡忒…………………………………………36
赫西俄德………………………………………8‧160
赫斯珀里得斯………………………48‧49‧52
赫維留斯………9‧20‧24‧28‧32‧36‧40‧48‧
53‧60‧64‧69‧81‧84‧88‧97‧100‧108‧112‧
116‧120‧124‧129‧131
赫利奧斯…………36‧116‧117‧128‧161‧163

15劃

歐多克索斯……………………………………8
歐律斯透……………24‧28‧29‧48‧49‧52
歐羅巴………………112‧113‧120‧162
歐西里斯…………151‧152‧153‧163
劍魚座…………………………………………9
蝘蜓座…………………………………………9
豎琴………54‧55‧56‧57‧68‧69‧88‧124
德塞特…………………………………129‧163
撒哈拉沙漠…………………………………133
潘恩…………………………………………80‧163
豬之道…………………………………137‧158
摩羯座…………………………………………
12‧13‧77‧78‧79‧80‧144‧145‧148‧150
摩羯宮…………………………………………13
墨洛珀………………………………………116
魯瓦耶…………………………………………9

16劃

壁宿二…………………………………………91
獨角獸座………9‧104‧105‧118‧119‧121
澳洲……………………………………137‧159
龜虎古墳……………………………………145
雕具座…………………………………………10
螃蟹怪物……………………………24‧25‧41
邁錫尼…………………………………………57

17劃

賽提一世之墓……………………………150‧152
賽特……………………………………137‧151
戴奧尼索斯……………………………………
25‧41‧53‧89‧116‧121‧162‧163
彌涅耳瓦……………………………………73
彌諾陶洛斯……………………………………53

18劃

謬斯……………………………………………88‧163
雙魚座……………………………………
12‧13‧28‧77‧78‧80‧86‧87‧88‧89‧98‧148
雙魚宮…………………………………………13
雙子座……………………………………
12‧13‧22‧57‧104‧105‧122‧123‧124‧125‧
126‧132‧143‧145‧147‧149
雙子宮…………………………………………13
獵犬座……………………………9‧16‧17‧30
獵戶座…………8‧65‧103‧104‧114‧
115‧116‧117‧119‧126‧135‧140‧141‧144‧
145‧151‧152‧156
織女星……………………………………45‧54‧68
織女一……………………44‧45‧51‧54‧55‧68

騎官 ………………………………………… 145
薩爾珀冬 ……………………………… 113・162
薩爾米狄索斯……………………… 132・164

19劃

繪架座………………………………………… 10
鯨魚座…… 76・77・78・93・94・95・96・97・102・
148・149
蠍虎座………………………………………… 9
羅盤座………………………………………… 10
羅馬神話…………………………………64・73

20劃

蘇美爾時代……………… 50・78・82・86・98・110
蘇美爾人 ……………………………… 7・9・18
寶瓶座… 12・13・77・78・79・81・144・145・148・
150
寶瓶宮………………………………………… 13

23劃

顯微鏡座………………………………………… 10

圖像提供

p29　與食人獅搏鬥的海克力斯　Zenodot Verlagsgesellschaft mbH
p41　消滅許德拉的海克力斯　Zenodot Verlagsgesellschaft mbH
p52　帶回地獄看門犬刻耳柏洛斯的海克力斯，讓國王十分害怕　Campana Collection, 1861
p56　關係和睦的奧菲斯與尤麗提西　Museum purchase with funds provided by the Agnes Cullen Arnold Endowment Fund
p65　1825年出版的「Urania's Mirror」中描繪的天蠍座　Adam Cuerden：復原、收藏
p69　獲得海豚幫助的阿里翁　普林斯頓大學美術館典藏
p80　西瑞克斯和牧神潘恩　Zenodot Verlagsgesellschaft mbH
p133　阿爾戈號　羅倫佐・科斯塔繪　Zenodot Verlagsgesellschaft mbH
p133　古希臘描繪的阿爾戈號眾英雄　Tyszkiewicz Collection; purchase, 1883
p152　展開雙翼的伊西絲女神　Zenodot Verlagsgesellschaft mbH
p152　壁畫上畫著歐西里斯、阿努比斯、荷魯斯　Jean-Pierre Dalbéra攝影
p160　普羅米修斯　Zenodot Verlagsgesellschaft mbH
p160　阿芙羅狄忒　得自Marsyas的影印複本
p164　地中海、黑海MAP NASA
p165　希臘MAP NASA

各圖像出處皆標示於圖片註記中，其他圖片則由沼澤茂美提供。

沼澤茂美

　　生活在新潟縣神林村美麗的星空之下，從小學時起就對天文很有興趣。上東京學習建築設計，任職於建築設計公司並在天文館做過節目。1984年設立日本天象儀實驗室。以天文插圖、天體照片的工作為中心，也執筆寫作，參與NHK的天文科學節目製作和海外取材、好萊塢影片的形象海報等等，活躍範圍十分廣泛。

　　著有《星座的拍攝方式》、《NGC／IC天體寫真總列表》、《宇宙事典》、《星座事典》、《宇宙Watching》、《大爆炸＆黑洞》等書。

脇屋奈奈代

　　生於新潟縣長岡市，從孩提時代就開始對天文感興趣。在大學學習天文學，而後進入天文館工作，一邊擔任解說、節目製作，一邊進行長年的太陽黑子觀測。1985年加入日本天象儀實驗室，以撰寫天文館節目劇本、書籍執筆、翻譯為中心，並擔任NHK科學節目的監修等，相當活躍。

　　著有《NGC／IC天體寫真總列表》、《宇宙事典》、《星空Watching》、《從視覺了解宇宙觀測圖鑑》、《宇宙事典》、《大宇宙MAP》等書。

關於本書刊載的沼澤茂美的照片詢問處：
Atlas Photo Bank
mail@atlasphoto.skr.jp

協力　　　Keith Fujiyoshi
裝訂、設計　NILSON（望月昭秀＋木村由香利）

圖解星座神話故事

2015年6月1日初版第一刷發行
2023年5月1日初版第四刷發行

著　　者　沼澤茂美、脇屋奈奈代
譯　　者　林昆樺
編　　輯　李佳蓉
發 行 人　若森稔雄
發 行 所　台灣東販股份有限公司
　　　　　＜地址＞台北市南京東路4段130號2F-1
　　　　　＜電話＞(02)2577-8878
　　　　　＜傳真＞(02)2577-8896
　　　　　＜網址＞http://www.tohan.com.tw
郵撥帳號　1405049-4
法律顧問　蕭雄淋律師
總 經 銷　聯合發行股份有限公司
　　　　　＜電話＞(02)2917-8022

購買本書者，如遇缺頁或裝訂錯誤，
請寄回調換（海外地區除外）。
Printed in Taiwan.

TOHAN

國家圖書館出版品預行編目資料

圖解星座神話故事 / 沼澤茂美、脇屋奈奈代著；林昆樺
譯. -- 初版. -- 臺北市：臺灣東販, 2015.06
176面；14.7x21公分
ISBN 978-986-331-749-4(平裝)

1.星座 2.神話

323.8　　　　　　　　　　　　　　　104007748